甘蔗螟虫发生与绿色防控

潘雪红　黄诚华　主编

中国农业出版社
北　京

编 委 会

主　编　潘雪红　黄诚华

副主编　商显坤　魏吉利　辛德育　林善海

编　委　（按姓氏笔画排列）

马永林　刘　玮　辛德育　李素云

林善海　商显坤　黄诚华　梁艳娟

潘雪红　魏吉利

前言

FOREWORD

甘蔗属 C_4 植物，是食糖生产的主要原料作物之一，广泛种植于世界上热带、亚热带和温带地区。我国甘蔗种植历史悠久，广西、云南、广东、福建、海南、四川和贵州等省份均有种植，蔗糖产量占全国食糖产量的90%以上。目前广西和云南是我国最重要的蔗糖产区，总产糖量占全国蔗糖产量的90%以上。其中广西作为我国最大的糖料蔗种植基地和蔗糖生产基地，自1992/1993榨季以来，种蔗面积和蔗糖产量一直位居全国首位，助推中国成为仅次于巴西和印度的世界第三大产糖国。

甘蔗从种植到收获历经萌芽期、幼苗期、分蘖期、伸长期和成熟期五个时期，生育期长达8～9个月，且大部分地区甘蔗常年单一连片种植，病虫易于大量积累以至暴发成灾。甘蔗螟虫是甘蔗上一类重要的蛀茎类害虫，其种类较多、繁殖力强、世代重叠严重，为害隐蔽且为害期长，严重影响甘蔗的产量和品质，造成巨大的经济损失。近年来，受全球气温变暖、耕作制度调整、栽培管理粗放和科学防控技术滞后等多种因素的影响，甘蔗螟虫已形成连年发生且同一蔗区多种螟虫并发的态势，对我国甘蔗产业的健康稳定发展构成严重威胁。

为倡导绿色植保、科学植保的理念，提高甘蔗螟虫统防统治和绿色防控的规模化、组织化水平，保障甘蔗生产安全和质量安全，编者在查阅历史资料和多年调查研究的基础上，编写了《甘蔗螟虫发生与绿色防控》一书，力求在宣传、普及和推广甘蔗螟虫有效防控技术上提供智力支持。

本书内容平实、语言通俗，基础部分可读性高，应用技术可操作性强，并配有部分彩图，便于读者阅读参考。衷心希望本书的出版能使广大读者了解甘蔗螟虫在我国的发生发展趋势，提高对甘蔗螟虫的防控水平，以此促进广西乃至我国甘蔗高产高糖生产科技水平，保障我国食糖产业良好发展。

本书的出版得益于各位编者的通力合作，以及国家自然科学基金（31660534）、国家现代农业产业技术体系（CARS-170305）和广西自然科学基金（2021GXNSFAA196002）的资助；在本书的编写过程中，参阅和引用了同行的部分资料，在此一并表示感谢。

因编者水平有限，书中难免存在疏漏和不足之处，敬请广大读者批评指正。

编　者

2021 年 11 月

目　录
CONTENTS

第一章 甘蔗螟虫主要种类与发生规律

甘蔗螟虫又称钻心虫，是蛀茎为害甘蔗的鳞翅目害虫的统称，主要以幼虫蛀入甘蔗幼苗和蔗茎为害。目前常见的螟虫种类主要有二点螟、条螟、黄螟、红尾白螟和大螟 5 种。现分述如下：

一、二点螟

二点螟 *Chilo infuscatellus* Snellen，又名粟灰螟，属鳞翅目 Lepidoptera 草螟科 Crambidae。在我国各甘蔗种植省份均有发生，尤其是旱地蔗区发生为害较重。该虫在南方主要为害甘蔗，在北方为害玉米、高粱、粟、糜、黍、稗、狗尾草等。二点螟各虫态及幼虫为害状见图 1。

（一）形态特征

1. 成虫

体长 10～15 mm，翅展 26～35 mm。头小，复眼暗褐色，下唇须较长，约为头长的 3 倍；胸部背面暗黄褐色，体腹面及腹部背面白色。雄蛾前翅浅黄褐色杂有黑褐色鳞片，中室颜色较深呈灰褐色，中室端有 2 个小黑点，其中下面的一个下侧白色。前翅近外缘有一条与其平行呈弧状的深灰色横线，外缘有成列的 7 个小黑点，小黑点的内侧伴有微小白点。后翅白色而有光泽。雌蛾较大，体色稍浅。

2. 卵

产成块状，一般 3～4 列，呈鱼鳞状。卵粒扁平，短椭圆形，初产时乳白色，即将孵化时转为紫黑色。

3. 幼虫

有 5～6 龄，初孵蚁螟暗灰色，老熟以后变成淡黄色，体长约 20mm。头部赤褐色至暗褐色，前胸背板在初龄时呈黑色，后期转为淡黄褐色；前胸与第 8 腹节气门比第 1～7 腹节气门大约 2 倍。体背有 5 条黄褐色或淡紫色的纵线，即背线、亚背线与气门上线，这是二点螟幼虫的主要特征；全身有显著的毛片，每腹节背面的 4 个小毛片排列略呈方形，气门上毛片有 1 根刚毛，气门下毛片有 2 根刚毛。

4. 蛹

圆筒形，体长 12～15 mm，淡黄褐色。腹部背面残留幼虫期的紫色纵线 5 条，第 5～7 节前缘有显著的黑褐色波纹隆起线；第 7 节的波纹线延长到腹面；腹部末端平截状。雄蛹生殖孔在第 9 腹节，孔的两侧有微粒突起；雌蛹生殖孔在腹部第 8 节，外形如一细线内陷，棕褐色。

（二）为害特点

在甘蔗苗期，幼虫从蔗苗基部蛀入为害形成枯心苗，造成缺株断垄，有效苗数减少；在甘蔗生长中后期，幼虫蛀入茎内为害造成虫蛀节，蛀孔较小，可跨节蛀食，蛀道直、横道少，对甘蔗的产量和糖分影响较大。此外，伤口处还易诱发甘蔗赤腐病。

（三）生活习性

二点螟成虫有弱趋光性，对黑光灯、紫外光灯和蓝光灯的趋性稍强，雌蛾的趋光性比雄蛾稍强。雌蛾释放性外激素引诱雄蛾前来交配繁育的能力强。成虫白天静伏于蔗叶背面或隐蔽处，夜间进行交配、产卵。成虫多半在上半夜羽化，当晚有少数可以交配，大多数第二晚才交配，交配后当天晚上或第二天晚上产卵。雌雄蛾的比例为1∶（0.9～1）。单雌产卵量为70～270粒，产卵期一般4～5 d。

卵多产于蔗苗中下部青叶的背面，少数产在叶正面和叶鞘上。卵期一般5～6 d。卵多在清晨或上午孵化，孵化后幼虫先在叶片上爬行，或悬丝飘垂至附近蔗株上，从蔗苗基部叶鞘内侧蛀入为害。3龄以后才逐渐扩散并蛀入蔗茎为害。

幼虫有转株为害的特点，当蔗苗幼小不能满足幼虫取食时，常转株为害。幼虫的历期一般为30 d左右；老熟幼虫在枯心苗或被害蔗茎内化蛹，蛹期一般为7 d左右；以老熟幼虫或蛹越冬。

（四）发生规律

二点螟北自湖北、浙江，南至海南岛，均有分布。年发生代数与各地气温有很大关系，一般由北到南代数渐次递增。在广西1年可发生5代，具有世代重叠现象，以老熟幼虫或蛹在蔗头、秋笋和残茎内越冬。一般于翌年2月中旬开始化蛹，3月上旬羽化成虫。由于各地温、湿度条件不同，各代出现时间在地区间有所差异。

二点螟主要在甘蔗苗期为害，每年发生的第1代和第2代为主害代，特别是第1代，为害的多数是甘蔗主苗，对后期的有效茎数影响较大。从3月中下旬开始一直到6月苗期结束都有枯心苗的形成，其中有2个高峰期：第一个高峰期在4月中下旬，第二个在5月下旬至6月上旬。第1代二点螟为害秋植蔗、冬植蔗、已种的春植蔗和宿根蔗，第2代二点螟则对迟种的甘蔗和迟砍的甘蔗影响很大。

二、条螟

条螟 *Chilo sacchariphagus* Bojer，又名高粱条螟、斑点螟，属鳞翅目 Lepidoptera 草螟科 Crambidae。在广东、广西、福建、浙江、云南、台湾、江西、湖南、贵州等植蔗省份均有分布。除为害甘蔗外，还为害玉米、高粱、薏米、紫狼尾草（象草）、芦苇等。

条螟各虫态及幼虫为害状见图 2。

（一）形态特征

1. 成虫

体长 9～17.5 mm，翅展 24～35 mm。头、胸背面浅黄色，下唇须向前方伸出，比头长 3 倍以上。前翅灰黄色，顶角显著尖锐，有许多暗褐色的纵列细线，中室外端具 1 小黑点，外缘略呈一直线，内具并列小黑点；后翅色浅。雄蛾较小，体色较深，前翅纵线及中室的黑点鲜明，易与雌蛾相区别。

2. 卵

产成块状，两列呈人字形重叠状排列；卵块由数粒或几十粒卵组成。卵粒扁平，椭圆形，初产时乳白色，后变为深黄色，即将孵化时表面具龟甲状纹。

3. 幼虫

老熟幼虫体长约 30 mm，黄白色，背面有 4 条紫色纵线，即亚背线及气门上线各 2 条。该虫分夏型和冬型，夏型幼虫腹部各节背面具 4 个黑褐色毛片，上具刚毛，排列成正方形，前 2 个斑椭圆形，后 2 个近长方形；冬型幼虫越冬前蜕皮 1 次，蜕皮后其黑褐斑点消失，体背出现紫褐色纵线 4 条，腹面纯白色。

4. 蛹

体长 11～19 mm，红褐色，有光泽，腹背各节有 4 个幼虫期残存的黑斑，第 5～7 节前缘有明显的弯月形小隆起纹，尾节末端有 2 个小突起。该蛹尾部较钝，区别于玉米螟。

（二）为害特点

条螟发生期长，在甘蔗整个生长期均会对甘蔗造成为害。初孵幼虫群集心叶为害，取食叶肉，留有下表皮，受害叶展开后有横列的小孔和一层透明表皮，呈“花叶”状。甘蔗苗期，幼虫蛀入为害生长点后，心叶枯死，形成枯心苗。甘蔗生长中后期，幼虫蛀茎为害，蛀孔大，孔周围常呈枯黄色，造成螟害节。蛀道呈横形，跨节，孔内外留有大量虫粪，遇到大风常在虫口处折断，引起风折蔗。生长点受害，会造成“死尾蔗”。

（三）生活习性

条螟成虫趋光性弱。雌蛾释放性外激素引诱雄蛾前来交配的能力较强。成虫多数于 24：00 以前羽化，羽化后少数可以当晚交配，多数第二晚才交配，第三晚产卵。雌雄蛾比例是 1∶（0.6～0.9），平均 1∶0.8。单雌产卵量 150～350 粒，产卵期一般 4～5 d，前两天产卵量多，占总产卵量 60%左右。越冬代产卵量较少，第 1 代至第 3 代产卵量较多。

卵多产于蔗叶正面的中脉处，少数产在叶背面。幼虫多在 10：00前后孵化，初孵幼虫有群集心叶为害的习性，为害 2～3 d 后即可见到“花叶”。群集心叶为害 10 d 左右，虫龄达 3 龄后则从心叶向下转移到叶鞘间隙蛀入蔗茎至生长点。甘蔗苗期，幼虫蛀入茎内后，3～5 d 便造成枯心；甘蔗伸长拔节后，幼虫蛀入蔗茎为害造成螟害节。幼虫蛀入茎内后，一般取食 20～25 d，便进入老熟阶段。老熟幼虫有的在蔗茎化蛹，有的则从蔗茎爬出在干枯叶鞘内侧或其他残碎干物处作茧化蛹，预蛹期 3 d。第 4 代幼虫有越冬习性，越冬的位置各有不同，在蔗茎上干枯叶鞘内占 66.5%，在落叶后茎上占 6.8%，在地面上残碎物占 26.2%，在蔗茎内仅占 0.5%。

（四）发生规律

条螟在广西和广东 1 年发生 4～5 代，在福建 1 年发生 3～4 代，在海南 1 年可发生 5～6 代。以幼虫在叶鞘内侧结茧或在蔗茎内越冬。越冬代成虫盛发期的迟早与当年早春气温关系密切。广西越冬代成虫一般 3 月中旬始见，4 月上中旬盛发，4 月下旬至 5 月上旬终止，亦有世代重叠现象。该虫属于逐代递增型，第 1、2 代发生量不大，主要为害蔗苗；第 3、4 代发生量较大，为主害代，主要为害蔗茎，大多蛀食生长点，造成死尾蔗。另外，条螟喜高温干燥，若冬春天气特别温暖，则发生期早，蛾发生量高，第1代卵可比常年提前15 d出现，卵量比常年多10倍以上，发生量大大增加。

三、黄螟

黄螟 *Tetramoera schistaceana* Snellen，属鳞翅目 Lepidoptera 卷蛾科 Tortricidae。主要分布于华南蔗区，在广东、广西、福建、江西、云南和台湾等省份均有发生，为害严重。目前仅发现其为害甘蔗。黄螟各虫态及幼虫为害状见图3。

（一）形态特征

1. 成虫

体长5～9 mm，体暗灰黄色。前翅灰褐色，斑纹复杂，前缘有许多斜三角形的深褐色纹间隔排列，翅中室一带色较深，有些个体呈一斜的“Y”形斑纹；后翅暗灰色。

2. 卵

散产，最多不超过3～4粒。卵扁椭圆形，初产时乳白色，后转乳黄色，将要孵化时出现有弧形的红色斑纹。

3. 幼虫

老熟幼虫体长约13 mm，体淡土黄色；头部黄褐色，两颊有楔形的黑纹；无背线，毛片细小；前胸背板黄褐色，腹部末节臀板暗灰黄色。

4. 蛹

体长8～12 mm，近纺锤形，黄褐色；腹部第2～8腹节背面前缘均有1～2列锯齿状突起；尾端有臀棘数条。

（二）为害特点

在甘蔗苗期，幼虫从土面下的蔗苗基部取食并蛀入，为害生长点后，心叶枯死，形成枯心苗。在甘蔗生长中后期，多从蔗茎的芽眼或根带处取食并蛀入为害，造成螟害节。幼虫不跨节为害，茎外有横的曲折缺刻。黄螟为害贯穿整个生长期，没有明显休眠期。为害状与二点螟相似，早春黄螟为害造成的枯心苗较多。

（三）生活习性

黄螟成虫对黑光灯、日光灯有一定的趋光性，扑灯的成虫绝大多数为雄蛾，雌蛾较少，且已交配遗腹卵极少。雌蛾有释放性外激素引诱雄蛾前来交配的特性，性引诱的能力强。成虫白天静止在蔗株下部阴暗处。雄蛾可交配多次，平均2次，多者可达4次。与雄蛾第二次交配的雌蛾产卵量正常，第三、四次交配的产卵量明显下降，约减少50%，未经交配的雌蛾一般不产卵，或产下极少数不受精卵。黄螟的雌雄性比为2∶1，雌蛾比雄蛾多。单雌产卵量200～500粒。卵散产，少数2～3粒产在一起，但不成块。

在甘蔗苗期，卵产在蔗叶、叶鞘上。在甘蔗伸长期，有一半卵产在蔗茎表面和秋笋上。产卵高度一般为60 cm以下。幼虫一般在上午孵化，后潜入叶鞘间隙，从芽眼或根带处潜入。在甘蔗幼苗期，幼虫常从蔗株地面下部侵入，1头幼虫大多为害1株蔗苗，老熟幼虫在蛀食孔口作茧化蛹。

黄螟喜潮湿，高温干旱对它不利，多发生在水田或较潮湿的蔗地。

（四）发生规律

在广西南宁地区，1年发生6～7个重叠世代，无明显的休眠期，各虫态田间常年可见。一般在3月中下旬开始出现黄螟卵，5月渐多，6月为产卵盛期，7月中下旬又开始渐减。黄螟发生为害期与甘蔗种植有关，春植蔗黄螟枯心发生于4月中下旬到6月下旬，而以5月中旬至6月中旬为最多；宿根蔗枯心则比春植蔗枯心提早一个月左右发生。

四、红尾白螟

红尾白螟 *Scirpophaga excerptalis* Walker，又名红尾蛀禾螟，属鳞翅目 Lepidoptera 草螟科 Crambidae。在我国南方蔗区发生，此虫多分布于广西、广东、云南和海南，以幼虫侵害蔗株。红尾白螟各虫态及幼虫为害状见图 4。

（一）形态特征

1. 成虫

体长 12～18 mm，翅展 25 mm。全体白色有缎光，头部和前胸均覆盖着较长的白色鳞毛。前翅呈三角形，长而顶角尖，翅背面近前缘外侧呈暗灰色。雌蛾腹部肥胖，尾毛橙红色；雄蛾腹部较细长，尾部为橙黄色。

2. 卵

聚产成块状，并覆盖有黄褐色的绒毛。卵粒扁平，呈椭圆形，初产时为浅黄色，后为橙黄色。

3. 幼虫

初龄幼虫体细长，乳白色；老龄幼虫体长 20～30 mm，体肥大而多横皱，乳黄色。头小呈黄褐色，胸足短小，腹足退化；虫体背面现 1 条浅灰蓝色的心管。

4. 蛹

体长 13～18 mm，乳黄至乳白色，腹末宽圆形；雌蛹稍大于雄蛹，雌蛹后足伸达第 6 腹节基部，雄蛹后足伸达第 7 腹节的一半；气门椭圆形突出，呈褐色。

（二）为害特点

初孵幼虫最初由未展开的心叶基部叶中脉背面蛀入，沿中脉向下蛀成一条直道，接着转移蛀食心叶，食至生长点以下的蔗茎，造成枯梢。被蛀食的心叶伸长展开后，呈现带状横列的蛀食孔，食痕周围呈褐色或逐渐枯死，蛀食孔呈穿孔的“花叶状”，叶中脉蛀道呈褐色。拔节后的甘蔗，枯梢部会抽出多条侧芽，成“扫帚状”。

（三）生活习性

成虫有趋光性，雄蛾比雌蛾强。雌蛾有释放性外激素的能力，引诱雄蛾的能力较强。红尾白螟昼伏夜出。成虫羽化时间是19：00～23：00。成虫羽化后少数能当晚交配，但多数是在羽化后1～2 d内完成交配，交配后第二天产卵。雌蛾一生可交配2次，但多数为1次。单雌产卵量200～300粒。

卵多数产在蔗叶背面，成块状，上面有橙黄色的绒毛覆盖。卵多在7：00～8：00孵化，初孵幼虫行动活泼，常吐丝下垂借风飘荡分散。每株蔗苗只蛀入一虫，从未展开的心叶侵入，向下蛀食直至生长点以下，苗期造成枯心，拔节后造成枯梢和扫帚蔗。

老熟幼虫化蛹前，在梢头部自蛀道内下行至茎基表皮造一羽化孔，留一层薄膜覆盖，幼虫即在孔口化蛹，羽化后，成虫即冲破薄膜飞出。蔗苗幼小时，幼虫常蛀食至蔗苗基部泥面下，老熟后再回头向上，食至地面基部营造羽化孔化蛹。

（四）发生规律

红尾白螟在广西、广东1年发生4～5代，第5代少见；在海南1年发生5代。以老熟幼虫在被害植株的顶梢蛀孔内越冬。广西越冬代老熟幼虫一般于2月中旬开始化蛹，2月下旬为化蛹盛期。成虫于3月初开始出现，3月中下旬为羽化盛期，每年4月上中旬、6月中下旬、8月上中旬和9月中下旬出现4次为害高峰期。第1、2代主要为害幼苗，第3、4代为害生长中后期的蔗茎。发生数量以第3、4代为多。多数以第4代老熟幼虫于9月中下旬开始越冬。

五、大螟

大螟 *Sesamia inferens* Walker，又名稻蛀茎夜蛾、紫螟，属鳞

翅目 Lepidoptera 夜蛾科 Noctuidae。分布于广西、广东、福建、云南、江西、湖南、贵州、四川、浙江、台湾等植蔗的省份。大螟食性杂，为害甘蔗、水稻、玉米、高粱、粟、稗、小麦、茭白等。大螟各虫态及幼虫为害状见图5。

（一）形态特征

1. 成虫

体长12～15 mm，翅展27～30 mm。头胸鳞毛较长，头部、胸部呈浅黄色，腹部浅黄色至灰白色。前翅呈桨形，浅灰黄色，外缘色较深，翅中央沿中室至外缘有明显的暗褐色纵线，纵线上下各有2个小黑点；后翅呈银白色，外缘微褐色。雌蛾触角为丝状，体较大；雄蛾触角为单栉齿状。

2. 卵

产成块状，排成2～3行，不重叠。卵粒呈扁球形，初产时为白色，后变为灰黄色，卵粒表面有放射状细隆线。

3. 幼虫

5～7龄。虫体粗壮，老熟幼虫体长约30 mm。头部为黄褐色至红褐色，气门为黑色。体背为淡紫红色，无纵线；腹部为浅乳黄色。

4. 蛹

肥短，粗壮，长13～18 mm。蛹体呈深褐色，头胸部覆有白色粉状蜡粉。腹部第1～3节背面边缘布满斑状凹刻，第4～7节背面上半部有斑状凹刻，尾部有臀棘4根。

（二）为害特点

幼虫孵化后群聚叶鞘内侧取食，同时吃掉卵壳，把叶鞘内层吃光后钻进心部为害造成枯心，3龄后分散蛀茎。被害枯心苗蛀孔多在地上部位，蛀孔大，周围组织呈红色；被害蔗茎蛀孔也大，虫粪多，多在嫩节间。甘蔗苗期和分蘖期，以幼虫蛀食为害造成枯心苗，甘蔗成茎后为害造成死尾状。

（三）生活习性

成虫有趋光性。雌蛾的性引诱能力较强。成虫晚间活动，上半夜羽化，下半夜交尾，第二天晚上产卵。单雌产卵量300粒左右，聚产成列，每列10～23粒在一起。

大螟多将卵产在半开的叶鞘内侧或蔗头附近土块间隙中。卵期一般5～6 d。孵化后的幼虫群聚在叶鞘内侧取食，后蛀入茎内为害造成枯心；3龄前常十几头群集在一起，3龄后食量大增，陆续分散，转株为害，1头幼虫可为害3～5株蔗苗。幼虫蛀孔位置较高，距离地表面1 cm处蛀入，食至生长点后便形成枯心。甘蔗拔节后，蛀入蔗茎为害，形成螟害节，蛀孔较大，并有许多粪便排出。老熟幼虫多在虫孔边缘的叶鞘内侧化蛹，蛹期一般10～15 d。

（四）发生规律

大螟在广西和云南1年可发生4～5代，广东可发生5～6代，江西、湖南可发生4代。主要以幼虫在寄主茎内越冬，翌年早春幼虫化蛹，蛹经十多天后羽化。在广西蔗区大螟为害较少，常以第1代幼虫为害冬植蔗和宿根蔗；第2代以后转入水田为害。与水稻相邻种植的蔗地受害较重。

第二章 种群发生动态与影响因子

甘蔗螟虫种类繁多、世代重叠严重，是我国甘蔗害虫中分布最广、发生最普遍、为害严重且生产上较难防治的一类害虫。自我国甘蔗种植以来，甘蔗螟虫一直是各地的重要害虫，伴随气候环境演变、种植结构调整、耕作制度变换及跨区域引种等，甘蔗螟虫在各蔗区的发生种类和为害情况也相应地发生变化。目前，广西和云南是我国主要的甘蔗种植省份，甘蔗种植面积和产糖量占全国的90%以上。本章内容简要介绍这两大蔗区甘蔗螟虫种群结构和发生趋势，并分析种群动态变化相关影响因子。

一、种群动态

（一）广西蔗区

广西甘蔗种植历史悠久，区域跨度大，从南到北均有种植。20世纪60年代以前，广西蔗区的螟虫种类主要有二点螟、黄螟、条螟和大螟，其中二点螟、黄螟为害最严重。20世纪70～80年代，仍以二点螟为主，而条螟上升为第二、黄螟第三，大螟零星为害，红尾白螟主要发生在广西北海、钦州等沿海蔗区。20世纪90年代，随着我国蔗糖产业发展重心不断西移，广西甘蔗种植面积不断扩大，种蔗面积和蔗糖产糖量位居全国首位。这期间二点螟一直是全区最主要的螟虫种类，黄螟和条螟则在桂中以南蔗区发生较多。21世纪初，二点螟和条螟仍是广西蔗区的主要害虫，黄螟发生较轻，大螟零星为害，红尾白螟则很少被发现。其中，崇左蔗区以条螟和二点螟为主；来宾蔗区以二点螟为主、占 94%，条螟占 4.7%。

从 2009 年开始，广西农业科学院甘蔗研究所对广西蔗区甘蔗螟虫的发生动态开展了性诱监测，并对为害情况进行了跟踪调查。调查结果表明，广西蔗区的甘蔗螟虫主要种类有条螟、二点螟、黄螟和红尾白螟 4 种。目前，条螟仍是广西蔗区的主要螟害种类，分布普遍且为害严重，条螟在害螟类群中一直占优势地位，尤其在甘蔗生长中后期条螟造成的螟害株率、螟害节率、死尾断尾率均较高，是广西蔗区首要的甘蔗螟虫种群。二点螟在甘蔗苗期诱蛾量较少，落卵量也较少，为害相对较轻。2009 年红尾白螟在广西来宾蔗区始见为害，2010—2014 年在广西百色、来宾、北海、崇左、南宁等蔗区不断扩散，对甘蔗的为害日趋加重，尤以百色、来宾蔗区受害最重，曾在百色右江区局部田块造成死尾率超过 70%以上，但 2017 年至今田间调查虫口密度显著减少，为害程度亦明显降低。2019 年后黄螟种群数量呈快速上升状态，苗期造成的枯心率和生长中后期的螟害节率显著上升，对甘蔗生产影响日趋严重。

（二）云南蔗区

20 世纪 60 年代以前，云南蔗区主要有大螟、二点螟、台湾稻螟，以大螟为主、二点螟次之，台湾稻螟仅在德宏局部蔗区发生，总体混合种群虫口密度低、为害轻，苗期螟害枯心率在 10%以下。1966 年黄螟被带入云南，成为滇南蔗区主要害虫之一，为害猖獗。20 世纪 70～80 年代，云南蔗区发生的甘蔗螟虫主要种类有大螟、黄螟、二点螟、台湾稻螟，对甘蔗的为害仍以大螟居首位，变化明显的是黄螟种群数量急剧上升与大螟不相上下，而二点螟和台湾稻螟无明显变化，所占比例小。二点螟多发生在旱地蔗。20 世纪 80 年代末、90 年代，随着甘蔗生产快速发展，尤其是旱地蔗大面积推广种植，多发生于旱地蔗的二点螟种群数量快速上升跃居首位，大螟和黄螟不相上下。进入 21 世纪，随着甘蔗生产跨越发展和甘蔗品种改良更新步伐加快，条螟、红尾白螟先后由广东、广西引种被带入云南，逐年扩展成为害云南甘蔗的主要害虫。2012—2013年调查表明，云南蔗区发生的甘蔗螟虫主要种类有黄螟、条螟、二点螟、大螟、红尾白螟、台湾稻螟6种。其中黄螟对云南蔗区甘蔗生产的影响最大，广泛分布于德宏、临沧、西双版纳、普洱、保山等滇西南湿热蔗区；条螟种群数量也快速增长，扩展蔓延迅速，对甘蔗的为害日趋加重；二点螟对旱地蔗影响大；大螟、红尾白螟、台湾稻螟均是局部蔗区发生，所占比例甚小，大螟多发生于水田蔗，红尾白螟主要发生在德宏、文山蔗区，台湾稻螟主要发生在德宏蔗区，但红尾白螟增长快、扩展迅速。

二、影响因子

（一）气候条件

受全球气候变暖的影响，我国主要蔗区近年来频繁出现暖冬现象。暖冬干旱和早春回暖，为甘蔗螟虫的老熟幼虫越冬提供了有利条件，致使越冬幼虫的存活率大大提高，田间保留了大量的越冬代螟虫，增加了种群繁殖基数，进而导致第1代螟虫暴发危害。此外，降雨也会影响螟虫的发生，如黄螟喜湿，近年来在广西部分多雨蔗区已逐渐上升为当地的主要害虫。

极端天气也会影响螟害的发生，例如台风，尤其在广西北部湾、粤西、海南等蔗区，常伴有台风的发生，风力大小直接影响成虫的扩散。同时，台风也会影响天敌种群的数量，一些体型较小的寄生性天敌（如赤眼蜂等）受到台风的影响比寄主更大，台风过后往往使蔗区螟害发生加重。

（二）寄主作物

螟虫的发生为害与甘蔗的自身特性有很大关系。不同品种甘蔗的节间表皮硬度、表皮蜡状物、纤维含量和叶片折痕是否存在等物理形态结构特性不同，受螟害程度亦不相同。一般来说，凡叶狭、色淡而直立，茎秆硬，苗期生长快，分蘖力强，叶鞘早开的品种，不利于成虫的潜伏及产卵，且幼虫较难蛀入，受害较轻；叶阔而下垂，分蘖力弱，蔗茎较软，纤维量少，利于成虫潜伏和产卵，且幼虫较易蛀入，受害较重。另外，不同品种甘蔗体内的化学成分有所差异，其抗螟能力也会有所不同，如甘蔗中高含量的单宁酸等次生物质可抑制螟虫的生长发育。因此，不同甘蔗品种影响着螟虫的发生为害。

（三）引种制度

跨区域引种是加速甘蔗新品种利用和推广的有效途径。但在引种过程中，往往只注重甘蔗的高产、高糖指标，而忽略了新品种的抗虫性能和种茎带虫等问题。甘蔗螟虫属钻蛀性害虫，易随种茎传播，在跨区域引种过程中，由于对蔗种的病虫害检疫把关不严，往往导致螟虫跨区域传播为害。近年来，跨省区引种、省区内调种活动日趋频繁，在各蔗区螟虫发生种类和发生态势也随之发生改变。

（四）耕作制度

甘蔗生产上采用蔗茎进行无性繁殖，由于甘蔗生育期长和种植周期长，加上长期连作，为甘蔗螟虫的长年累积提供了有利条件。甘蔗栽培可分为新植蔗和宿根蔗两大类，宿根蔗螟害一般重于新植蔗。新植蔗因植期不同又可分为春植蔗、夏植蔗、秋植蔗和冬植蔗四种。一般而言，春植螟害比秋植严重。春植蔗一般 2～4 月下种；3～6 月是甘蔗苗期和分蘖期，是螟虫为害造成枯心的关键期，对甘蔗有效茎数影响较大。秋植蔗一般在 8～10 月下种，蔗螟为害密度较低，冬期一般螟虫活动少，对分蘖影响不大。20 世纪 90 年代以前，我国甘蔗产区主要以春植蔗和宿根蔗为主，20 世纪 90 年代以后大面积推广冬植蔗，致使一年四季均有甘蔗螟虫适宜的寄主，给其提供充足的食料和有利的越冬场所。据调查，在同一蔗田里，通常有几种螟虫的不同虫态同时存在，因此冬植蔗的种植增加了甘蔗螟虫的越冬、传播和为害的风险。

（五）天敌

蔗田中存在着甘蔗螟虫的多种天敌，可分为捕食性天敌和寄生性天敌，它们是蔗田生态系统的重要组成部分，也是影响螟虫种群数量的重要生态因子。甘蔗螟虫的捕食性天敌主要有蠼螋、蜘蛛、蚂蚁、鸟类等，其中蠼螋是甘蔗螟虫一类重要的捕食性天敌，在各蔗区均有分布，田间自然种群发生数量也比较多，可捕食蔗螟幼虫减少螟害。寄生性天敌包括寄生蜂和寄生蝇，其中螟黄赤眼蜂和等腹黑卵蜂是甘蔗螟虫的优势卵寄生蜂，对甘蔗螟卵具有良好的寄生效果，能有效防控甘蔗螟虫。在通常情况下，蔗田系统的生物多样性有利于天敌对害虫的有效控制，维持蔗田生态系统的平衡。天敌在调节甘蔗螟虫种群数量方面起着十分重要的作用。

（六）化学农药

一直以来，甘蔗螟虫主要依赖化学农药进行防治，由于螟虫种类较多、危害隐蔽、世代重叠严重，以及蔗农防控知识匮乏，化学农药被长期大量不合理使用，既加剧了螟虫的抗药性，也导致天敌种类和数量锐减，削弱了天敌的自然控害能力，从而导致甘蔗螟虫防控效果下降，田间为害呈现报复性反弹和再猖獗，最终更加难以防治。

第三章 甘蔗螟虫的预测预报

科学开展甘蔗螟虫的预测预报，掌握其发生动态及发展趋势，是实施甘蔗螟虫有效绿色防控的前提和基础。

一、预测预报定义、类型和方法

（一）预测预报的定义

害虫预测预报是根据害虫过去和现在的变动规律，应用田间调查、室内试验、作物物候和气象预报等信息资料，采用数理统计、生命表技术、建模技术等方法，对害虫的发生期、发生量和危害程度等作出估计，以预测害虫未来某一时段内的发生动态和发展趋势。

（二）预测预报的类型

1. 按预测内容划分

（1）发生期预测　预测某种害虫的某一虫态或虫龄发生与为害的时期，以便确定防治的最适时期。

（2）发生量预测　预测害虫种群的发生数量或田间虫口密度，以及种群数量的消长趋势，根据制定的防治指标，以确定是否需要防治。

（3）迁飞害虫预测　根据迁飞害虫的发生动态、数量及其生物、生态及生理学特性，以及迁出、迁入地区的作物生长发育及季节相互衔接的规律性变化，结合气象资料来预测迁飞时期、迁飞数量及作物虫害发生区域等。

(4) 危害程度预测及产量损失估计 在对害虫种群发生期、发生量预测的基础上，进而对作物受害程度和产量损失作出估计，以便选择合适的防治方法，以获取最大的经济效益。

2. 按预测时间长短划分

(1) 短期预测 根据害虫前1～2个虫态的发生情况，推算后1～2个虫态的发生时期和数量，以确定未来的防治适期、次数和方法。其准确性高，使用范围广。短期预测的期限大约在20 d以内。

(2) 中期预测 根据上一代的虫情，预测下一代的发生动态，为近期防治部署作好准备。中期预测的期限一般为20 d到1个季度，常在1个月以上，但视害虫种类不同，期限的长短可有很大的差别。

(3) 长期预测 根据越冬后或年初某种害虫的越冬有效虫口基数、作物布局及气象预报等资料作综合分析和判断，以展望长期的发生动态和灾害程度。长期预测的期限常在1个季度或1年以上。

(三) 预测预报的方法

1. 观察法

指直接观察田间害虫的发生和作物物候变化，明确其虫口密度、生活史与作物生育期的关系。应用物候现象、发育进度、虫口密度和虫态历期等观察资料，通过对照比较和推理估计进行预测。观察法为我国目前最常用的预测方法。

2. 实验法

主要是应用实验生物学的方法，直接测算出害虫各虫态的发育速率、发育起点温度和有效积温，根据当地气候资料预测其发育进度或防治适期。另外，也可以通过实验方法探讨营养、气候和天敌等因素对害虫生长发育、繁殖能力和死亡的影响，为发生量预测提供依据。

3. 统计法

根据多年观察积累的资料或较多的实验观测数据，通过统计分析，建立统计模型，组建各种预测模式，探讨某种因素如气候因素、物候现象等，与害虫某一虫态的发生期、发生量的关系。

二、发生期预测的方法

在害虫预测预报中，做好发生量预测和发生期预测是指导生产上进行适时防治的重要措施。鉴于害虫发生量预测的影响因素较多、预测难度较大、准确率相对较低等原因，本节主要对害虫发生期预测的方法进行介绍。害虫发生期预测一般都属于短期预测，少数可进行中期预测。它主要是根据某种害虫防治对策的需要，预测某个关键虫态出现的时间，从而指导害虫适期防治，是害虫有效防控的基础。现对害虫发生期预测的方法简述如下：

（一）发育进度预测法

通过对害虫各虫态的发育进度进行定期调查，分析得出某虫态的始盛期、高峰期或盛末期，加上当时气温下该虫态相应的发育历期（d），即可预测出下一虫态的发生期。发生期按各虫态的发育进度划分为始见期、盛发期和终见期。盛发期又分别以各虫态20％、50％和80％的发育数量为指标，划分为始盛期、高峰期和盛末期。

（二）期距预测法

主要是利用当地积累多年的有关害虫发生规律的资料，分析总结出害虫某一虫态或世代与上一虫态或世代的时间间隔。这种有规律的带必然性的时间间隔叫做“期距”。在掌握田间发育进度的基础上，加上期距即可做出某虫态或世代发生期预测。期距一般不等于害虫各虫态发育历期或世代历期。期距是根据田间害虫自然种群的发生发展，通过对历史资料的分析得出的；而历期多是采用实验生物学方法，通过室内饲养的方法得出的平均值。期距预测法具有极强的地域性，目前被广泛应用于害虫的发生期预测。

（三）有效积温预测法

有效积温预测法是利用有效积温法则进行测报的方法。有效积温（K）是指昆虫完成某一发育阶段所需要的发育起点以上的温度的累加值，是用来分析昆虫发育速度与温度的关系。有效积温是一个常数，单位以日度（d·℃）表示。当测得害虫某一虫态的发育起点和有效积温后，就可根据当地常年的平均气温，结合气象的近期预报，预测害虫下一代虫态的发生期。

（四）物候预测法

应用物候学知识预测害虫发生期的方法叫做“物候预测法”。物候学是研究自然界生物与气候条件周期性变化关系的科学。物候期是指生物与气候条件紧密联系的发生时期、发生阶段或活动状态。昆虫的发生常常与寄主植物或其他非寄主植物甚至某些动物的物候期十分吻合。利用害虫自身以外的生物出现的某个物候期即可预测该害虫可能的发生期。如：一种害虫的某一虫期和它的寄主植物在一定生长阶段（如吐芽、初花、盛花、展叶等）同时出现，这样我们就可以根据寄主某一发育期的出现来预测害虫的发生期。

三、甘蔗螟虫发生期预测技术

不同蔗区的甘蔗螟虫发生规律有所不同，为更好地控制螟虫为害，必须掌握其所在区域的发生规律，从而采取科学合理的防控措施。发生期预测技术是根据害虫发生特点和规律，确定害虫最佳防治适期和制定最佳防治方案的重要依据。现就甘蔗螟虫发生期预测预报技术介绍如下：

（一）成虫诱集技术

利用甘蔗螟虫成虫的趋光性和趋化性特点，在田间设置测报灯和性诱剂诱集成虫。通过分析逐日诱集到的主要螟虫种类和数量，掌握其成虫的发生消长情况，以便预测其卵和幼虫防治适期，指导生产上的有效防控。

1. 灯诱法

20 世纪 70 年代末，黑光灯诱虫技术逐渐在害虫预测预报上得以应用，后来双波灯、频振灯和 LED 灯逐渐替代了黑光灯，现如今的自动虫情测报灯可自动识别、统计害虫种类和数量，并及时上传诱虫数据，使测报技术变得更加自动化和智能化。红尾白螟和大螟的趋光性相对较强，适合利用灯诱法预测预报。

测报灯设置方法：灯具安装处要求周围 100 m 范围内无高大建筑遮挡，且远离大功率照明光源；在蔗田周围设置 1 台测报灯，灯管下端与地面距离为 1.5 m。统计诱蛾种类和数量，若某种螟蛾单日诱虫量出现突增，记为该螟蛾发生高峰日。

2. 性诱法

性信息素是雌虫交尾前按一定的节律释放的吸引雄虫前来交配的信息化合物。性诱剂则是模拟自然界的昆虫性信息素，通过释放器释放到田间来诱杀异性害虫的仿生高科技产品。性诱剂诱芯又名“昆虫信息素的载体或饵料”，是以天然橡胶为性诱剂载体的橡皮诱芯（图 6）。

性诱剂在甘蔗螟虫测报中具有灵敏度高、专一性强、操作简便的优点，通过性诱剂诱蛾法对甘蔗螟蛾进行监测，根据田间诱蛾量的变化，结合田间调查和历史资料，可以大大提高测报的准确度，已获得业内的普遍认可和广泛应用。

目前，生产上利用性诱剂诱蛾的方法主要有水盆式诱捕法（图 7）和笼罩式诱捕法（图 8）。水盆式诱捕法，即将性诱剂诱芯用支架或铁丝固定在盛有八成满水的塑料盆中，水盆直径以 30～40 cm 为宜，诱芯距水面 2 cm 左右，水中加入少量洗衣粉以降低水的表面张力，使被引诱来的雄蛾落到水里。笼罩式诱捕法，即使用笼罩式的诱捕装置，内网呈倒漏斗型，被引诱过来的雄蛾顺着漏斗往上爬，爬进去后不易爬出，最后死亡。水盆式诱捕法诱蛾量观察统计上比较直观，但需要每天补充水量。笼罩式诱捕法无须加水，操作更为简便。

甘蔗螟虫性诱法预测预报的具体操作如下：

(1) 测报时间 在冬后春初越冬代螟虫始蛾前，即在田间设置性诱剂测报点，开始诱蛾工作。近些年来，由于暖冬和早春回暖较早，甘蔗螟虫越冬代成虫的羽化时间也相对提前，因此黄螟和红尾白螟在 2 月初，二点螟和条螟在 2 月中下旬开始设置测报点。

(2) 测报点设置 选择具有代表性（如品种栽培、地理环境、虫口密度等方面）的连片种植的宿根蔗地作为测报点。每个蔗区设置 3～5 个重复，每个重复的诱捕器要间隔 100 m 以上。在甘蔗幼苗至拔节前，水盆式诱捕器可以直接放在蔗行间的垄面上；笼罩式诱捕器的诱捕口要距离地面 30～50 cm（黄螟诱捕器为 20～30 cm）。甘蔗拔节以后，诱捕器也要相应提高。水盆要用支架架起，笼罩式诱捕器要调整诱捕口的高度，高度均要距离地面 100～120 cm。

(3) 数据收集 采取专人负责制，每天检查和记录诱蛾情况，并定期更换诱芯和做好诱捕器日常维护。诱测期间，每天早上检查诱捕器诱获的螟蛾数量，并按照诱捕器的编号记录到对应的表格中（表 1）。计数后要及时清除诱捕器中的螟蛾，以免第二天重复记录。螟蛾发生量少时，可以每 3 d 检查一次。为保证诱测效果，性诱剂诱芯每 15 d 更换一次。

(4) 发生期预测 统计分析诱集到的各世代螟蛾数量。从螟蛾始见期开始，当诱蛾量逐日累加占该世代诱蛾总量 20%、50%和 80%时，即螟蛾分别进入始盛期、高峰期和盛末期。并参考当地不同种类螟虫的各虫态发育历期，利用期距预测法即可推测出卵和初孵幼虫的始盛期、高峰期和盛末期，预报卵期和幼虫期的防治适期。公式如下：

产卵高峰期＝成虫高峰期（50％羽化）＋产卵前期

幼虫盛孵期＝产卵高峰期＋卵平均历期

表1　甘蔗螟虫诱蛾量记录

调查地点：＿＿＿＿＿＿＿＿　　螟虫种类：＿＿＿＿＿＿＿＿

日期	诱蛾量（头）						气象情况（降雨、温度）	备注
	1	2	3	合计	平均	累计		

注：表中日期栏应填写检查当天日期，更换性诱芯时要在备注栏标注。

（二）田间调查法

根据甘蔗螟虫发生规律及为害特点，进行田间实地调查，准确掌握虫情，结合当地气象因素和甘蔗苗情等，预测其关键虫态出现的时间，指导生产上的适期防治。

1. 卵块调查

在成虫始盛期开始进行田间卵块调查，调查时可采用定点定期的方法。在同一蔗区随机选取3块蔗地，每块蔗地调查样点的分布要均匀。采用五点取样法进行调查，每块蔗地调查5行甘蔗，每行连续调查100株，仔细检查样本甘蔗叶片的正面、背面和叶鞘是否有螟卵。每5 d调查1次。计算百株卵块数和平均卵粒数。

通过分析田间卵块调查数据，掌握产卵始盛期、高峰期和盛末期。参考当地卵发育历期，预测幼虫盛孵期。具体公式如下：

幼虫盛孵期＝产卵高峰期＋卵平均历期

2. 受害株调查

调查样点选择与卵块调查相同。采取五点取样法，每点连续调查100株蔗苗。每5 d调查1次“花叶”率和枯心苗率。检查甘蔗心叶，观察心叶是否有螟虫为害的新鲜“花叶”状和枯心情况。计算不同螟害“花叶”率和枯心苗率。

条螟初孵幼虫群集甘蔗心叶为害，啃食叶肉，留有下表皮，受害叶展开后有横列的小孔和一层透明表皮，形成留有下表皮而未穿孔的“花叶”状。而红尾白螟初孵幼虫为害甘蔗心叶，取食叶肉和表皮，受害叶展开后呈现带状横列的蛀食孔，形成穿孔的“花叶”状。因此，一般以不同的“花叶”率来预测条螟或红尾白螟低龄幼虫的发生期和发生量，指导生产上在“花叶”率高峰期进行防治。蔗螟幼虫蛀入蔗苗后，4～5 d便会枯心，因此，甘蔗苗期通过调查甘蔗枯心苗率来预测螟虫的发生情况。

3. 幼虫化蛹进度调查

当各代幼虫进入老熟并开始化蛹时开始进行田间调查，到化蛹80%时停止。每5 d调查1次。田间采集螟害株，剥查并记录螟虫不同虫态（蛹、老熟幼虫、幼虫数、1～2龄幼虫数）数量，每次调查的总虫数应不少于50头，计算化蛹率和羽化率。

通过统计分析计算出甘蔗螟虫化蛹高峰日；然后参考当地甘蔗螟虫蛹历期、成虫产卵前期、卵期，再预测出成虫的发生高峰期、下一代卵高峰期和幼虫盛孵期，以便预报防治适期。具体公式如下：

成虫高峰期＝化蛹高峰日（50%化蛹）＋蛹平均历期

产卵高峰期＝成虫高峰期＋产卵前期

幼虫盛孵期＝产卵高峰期＋卵平均历期

第四章 甘蔗螟虫的绿色防控

一、绿色防控的意义

绿色防控，是在2006年全国植保工作会议上提出“公共植保、绿色植保”理念的基础上，根据“预防为主、综合防治”的植保方针，结合现阶段植物保护的现实需要和可采用的技术措施，形成的一个技术性概念。其内涵就是按照“绿色植保”理念，采用农业防治、物理防治、生物防治、生态调控以及科学、合理、安全使用农药的技术，达到有效控制农作物病虫害，确保农作物生产安全、产品质量安全和农业生态环境安全，促进农业增产、增收的目的。

绿色防控技术的主要目标是通过使用合适的防控技术，以降低农药的施用量、提高农作物的产量，有利于环境与社会的协调发展。首先，绿色防控技术容忍部分病虫害的存在，符合生物多样性的要求；其次，绿色防控技术强调各种植保技术的配合使用，而不是某一个技术的单独使用；最后，绿色防控技术强调辩证分析、灵活处理各种病虫害，而不是每一种病虫害都用统一的方法。只有这样才能尽量减少田间病虫害发生，保障和提升农作物产量，促使农业可持续发展。

我国在农业生产实践中推广应用绿色防控技术，已经做过大量的工作。随着经济突飞猛进的发展，政府更加努力构建“资源节约型、环境友好型”的社会形态，人民群众也越来越关注健康、环境、绿色、生态的实际意义。所以，继续推广应用绿色防控技术代表了农业的发展方向，具有重要的理论意义和现实意义。

二、甘蔗螟虫绿色防控技术

甘蔗螟虫绿色防控，坚持“压低基数、早防早控”的原则，以农业防治、生物防治、理化诱控为基础，辅以生态调控、生物农药等综合防治措施，将甘蔗螟虫为害损失控制在经济允许水平之下。

（一）农业防治

农业防治是通过采取适宜的耕作、栽培、田间管理等农业综合措施，调整和改善作物的生长环境，以增强作物抵抗力，创造不利于病虫生长发育或传播的条件，达到减害、控害的目的，是其他防治方法的基础。

1. 选用抗虫品种和品种多系布局

选育具有抗螟效果的甘蔗品种，能够有效抑制蔗螟的生长发育和繁殖，明显降低蔗螟的发生数量。因此，种植抗虫品种无疑是最有效、最经济、最切实可行的办法。目前，国内外相关科研机构都在进行转抗虫基因的育种研究工作，并取得了较大进展。2017 年 6 月，巴西国家生物安全技术委员会批准了全球第一个转 *Cry1Ab* 基因甘蔗商品化种植，主要用于甘蔗螟虫的防治，标志着转基因甘蔗向商品化和产业化迈出了一步。

此外，甘蔗品种的种植布局也要科学化、合理化。在同一生态类型的蔗区，要实行品种的多系布局，避免品种过于单一致使甘蔗螟虫连片发生。

2. 选用健康种苗

种植时做到“三选”，即砍种选段、下种选芽、补种选健苗。剔除病虫节，不种病虫苗。可选用健康甘蔗的蔗尖作种，蔗尖萌芽更迅速，芽苗更壮实，既能节省蔗种，又可以大大降低病虫通过种苗传播的可能性。

3. 合理轮作、间作和套种

同一蔗区或田块里连续栽培甘蔗，由于蔗螟逐年积累，导致蔗螟发生量逐年增大，因此提倡甘蔗与非禾本科作物合理轮作。同时，用豆科作物或绿肥、蔬菜等与甘蔗进行间套种，可以改善田间小气候，创造有利于自然天敌生存活动场所，减轻螟虫为害。避免甘蔗与玉米、高粱等禾本科作物间套种，防止病虫害相互传播扩散为害。

4. 地膜覆盖

地膜覆盖可明显增加膜内温湿度，创造有利于甘蔗萌芽出土的膜内土壤小环境，促使甘蔗早生快发，出壮苗，从而避开早期螟虫为害。

5. 水肥管理

干旱缺水、肥力不足可导致甘蔗生长不良，植株抗虫力下降，田间甘蔗螟虫发生为害加重。合理的水肥管理，既可提高作物的抗害性，又能抑制蔗螟的发生为害。

6. 剥除枯老蔗叶，降低害虫密度

适时剥除枯老蔗叶并集中处理，可除去叶片上的螟卵以及藏匿在叶鞘内的蔗螟幼虫，从而减少螟虫为害。

7. 小锄低砍，清洁田园，减少蔗螟虫口基数

有些螟虫的老熟幼虫多在土表附近的蔗茎中越冬。如二点螟有33%在地下茎过冬，并且多数在地表以下 10 cm 内。小锄低砍收蔗，可将大部分在蔗茎中越冬的蔗螟消灭掉，还可增加收获量。甘蔗收获后应及时清洁田园，将蔗田散落的枯叶、蔗梢、残桩、杂草一起集中堆沤作有机肥或就地烧毁，将极大地降低蔗螟虫口基数，减少来年春季蔗螟发生率。

8. 其他措施

推广旱地蔗机械深耕深松技术，采用蔗头破碎机将蔗头粉碎回田，消灭虫源，可减少螟害。对宿根蔗实行早开垄、松蔸、松土，把越冬的幼虫或蛹翻出来，让天敌消灭或晒死。及时追肥，使蔗苗早生快发，生长旺盛，以降低初孵蔗螟幼虫的侵入率。经常巡查蔗

田，发现虫情，及时加以处理。如田间发现螟虫卵块、花叶苗、枯心苗，应及时摘除卵块和挖出枯心苗虫源。

（二）生物防治

生物防治是利用有益生物及其产物控制有害生物种群数量的一种防治技术。生物防治不仅可以改变生物种群组分，而且可以直接消灭病虫，对人、畜、植物安全，不伤害天敌，不污染环境，不会引起害虫的再猖獗和产生抗性，对一些病虫有长期的控制作用。生物防治以生物多样性为基础，主要措施包括保护和利用自然天敌、人工饲养和释放优势天敌、引进天敌和利用微生物及其代谢产物防治害虫等。

1. 保护和利用自然天敌

甘蔗螟虫的自然天敌种类和数量很多，如红蚂蚁、蜘蛛、蠼螋、蛙类、鸟类、赤眼蜂、黑卵蜂、螟黄足绒茧蜂和大螟拟丛毛寄蝇等。这些天敌在控制甘蔗螟虫种群数量方面起着十分重要的作用，但长期以来广谱性化学杀虫剂的大量、频繁使用，极大地削弱了天敌对蔗螟的自然控害水平。因此，为了充分发挥自然天敌对甘蔗螟虫的控制作用，就必须采取一定措施有效地加以保护天敌，使其种群不断地增殖。具体措施如下：

（1）合理的寄主植物搭配和布局　合理间套种大豆、花生、马铃薯等矮秆作物和绿肥，能增加甘蔗苗期田间荫蔽度，改变田间小气候，为螟虫的天敌创造良好的生活环境。

（2）蜜源植物的种植　田边地头种植显花植物，特别是花期较长的植物，可招引甘蔗螟虫的天敌，并为天敌提供花蜜。

（3）田间自然育蜂笼的设立　当田间甘蔗螟虫的卵量下降时，可通过在田间设立育蜂笼，为寄生蜂提供一个良好的过渡场所，使羽化的寄生蜂能飞回育蜂笼内产卵繁殖。

（4）适当减少农药使用　尽量减少化学杀虫剂的使用，即使使用农药，也尽可能选择对天敌安全的生物农药。

2. 人工饲养和释放优势天敌

我国应用天敌防治甘蔗螟虫已有很多年历史。早在1953年，我国便开始通过人工饲养和田间释放赤眼蜂防治蔗螟，并获得良好效果。1964年，福建省农业科学院释放红蚂蚁防治甘蔗螟虫，防治效果显著。目前，我国通过人工饲养繁殖和田间应用防治甘蔗螟虫的天敌主要是螟黄赤眼蜂。

3. 引进天敌

从国外或外地引进天敌昆虫防治本地害虫，是生物防治中常用的方法。广西农业科学院甘蔗研究所于2004—2005年引进古巴蝇防治甘蔗螟虫的试验证明，古巴蝇能够寄生蔗螟且防治效果良好。古巴蝇是寄生甘蔗螟虫幼虫的一种寄生蝇，尽管其对甘蔗螟虫具有良好的防治效果，但由于在国内不能实现安全越冬，进而无法建立田间自然种群，人工生产成本较高，目前尚未大面积推广应用。

4. 病原微生物

利用昆虫病原微生物防治甘蔗螟虫是近年来发展起来的一项生防技术。病原微生物主要有昆虫病原病毒（颗粒体病毒、核型多角体病毒）、昆虫病原真菌（白僵菌、绿僵菌）、昆虫病原细菌（苏云金杆菌）、昆虫病原线虫和微孢子虫等。研究表明，颗粒体病毒能够有效防治甘蔗螟虫卵及幼虫，绿僵菌对甘蔗螟虫的感染率非常高，有很好的防治效果；1%苏云金杆菌对甘蔗螟虫也具有很好的防治效果。尽管如此，但由于病原微生物的局限性，目前国内利用昆虫病原微生物大规模防治甘蔗螟虫的成功案例至今未见报道。

（三）理化诱控技术

理化诱控指利用害虫的趋光趋化性，通过布设灯光、色板、昆虫信息素、气味剂等诱集并消灭害虫的控害技术。杀虫灯诱杀、性诱剂诱杀和性诱剂迷向技术是目前最常用的甘蔗螟虫诱控技术。

1. 杀虫灯诱杀

在螟蛾发生期，利用成虫的趋光特性，在田间设置灯诱装置诱杀蔗螟成虫，通过控制成虫的数量，来减少产卵量。目前，在甘蔗生产中已推行采用频振式杀虫灯和LED灯诱杀甘蔗螟虫，但应用面积还不够广泛。

2. 性诱剂诱杀和迷向

应用性诱剂诱杀法和迷向法，是目前防治甘蔗螟虫最成熟的有效方法之一。在螟蛾发生期，应用性诱剂诱杀技术，能诱杀大量的螟虫雄蛾，使田间雌雄性比失调，造成相当部分的雌蛾得不到交配的机会而不育，从而使甘蔗螟虫雌蛾的产卵密度下降，繁殖量减少。通过连片使用性诱剂迷向技术干扰蔗螟雌雄蛾的交配，能减少成虫有效产卵量，有效降低田间甘蔗螟虫的种群密度。

（四）生态调控技术

生态调控技术是运用生态学基本原理，从农田生态系统中“作物—害虫—天敌—环境”互作关系出发，采取抗病虫品种、培育健康种苗、改善水肥管理等健康栽培措施，并结合农田生态工程、作物间套种、天敌诱集带等生物多样性调控与自然天敌保护利用等技术，改造病虫害发生源头及滋生环境，人为增强自然控害能力和作物抗病虫能力。

生态调控技术是害虫管理的一种技术，是利用生物与非生物因素通过控制与调节两大因素开展的害虫管理。包括景观生态设计、作物合理布局、功能植物种植、推拉技术等措施。

1. 生态景观设计

通过设计生态岛、斑块、廊道，在农田等周围创造有利于天敌或传粉昆虫越冬、栖息及其繁衍和转移扩散的生境，以提升农业生态系统的控害保益功能，最终实现害虫种群控制的可持续性。一般认为5%～20%比率的非作物生境有利于农田的害虫生态调控。

2. 作物合理布局

通过轮作、间作、套作及农作物的整体布局，建立合理的栽培制度，是有效开展害虫生态调控的基础。

3. 功能植物合理配置

作为生态调控的功能植物，主要是指有助于害虫天敌生物控害或传粉昆虫传粉受精的蜜源植物，有利于天敌昆虫的栖境植物和储蓄植物，以及吸引害虫的诱集植物、能击退害虫的驱避植物和诱杀害虫的诱杀植物等。

4. 推拉技术

推拉技术即诱集植物（作物）与驱避植物或其他化学驱避物质结合形成的“推-拉”（Push-Pull，趋避-诱集）防治措施。害虫推拉防治策略不但包括对害虫的推拉，也包括对天敌的推拉，即在作物田内利用驱避物质将害虫驱离，同时将害虫天敌招引来；在作物田外则利用引诱物质将害虫吸引过来，然后利用化学防治或生物防治对诱集来的害虫进行集中消灭。

（五）科学用药技术

科学用药技术是基于准确的预测预报，掌握最佳害虫防治适期，通过合理选择农药，优化安全用药方法的综合应用技术。

加强农药抗药性监测与治理，普及规范使用农药知识，严格遵守农药安全使用间隔期，达到“提高防治效果、延长防治时间、减少施药次数”的目的，实现正确用药、精准施药。在农药喷洒方面，高地隙自走式喷杆喷雾机、植保无人机技术逐渐发展应用起来（图 9 和图 10）。高地隙自走式喷杆喷雾机，尽管具有适用性广、机械化自动化程度高、通过性好、施药精准高效等优点，但也具有坡地易倾覆、作物碾压损伤大等缺点。植保无人机则能避免这些缺点，并且经过多年的发展和推广，已经有了比较切实可行的持久模式。目前，在甘蔗上开展植保无人机防治甘蔗螟虫已取得令人满意的效果，具有广阔的推广前景。

1. 加强害虫监测，适期用药

要做到适期用药，必须对害虫进行预测预报，及时掌握它们的发生情况。在利用杀虫剂防治害虫时，应选择对农药最敏感时期的虫龄阶段进行施药防治，一般以低龄幼虫盛发期为防治适期，防治效果最好。根据甘蔗螟虫的为害特点，应抓住甘蔗螟虫幼虫孵化高峰期进行喷雾防治。

2. 选择高效、低毒、低残留、环境友好型农药

每种农药都有一定的防治范围和主要防治对象，因此要因虫用药、对症用药。甘蔗螟虫可选用20%氯虫苯甲酰胺悬浮剂、200 g/L虫酰肼悬浮剂、90%杀虫单可溶性粉剂、20%阿维菌素·杀螟松乳油、72%苏云·杀单可湿性粉剂、8%氯氟氰·甲维盐悬浮剂、30%氯虫·噻虫嗪悬浮剂、40%氯虫·噻虫嗪水分散粒剂、0.05%阿维菌素·100亿活芽孢/g苏云金杆菌（Bt）可湿性粉剂等高效、低毒、低残留、环境友好型农药。

3. 严格掌握用药量

农药推荐用量是农业科技人员在大量的试验基础上确定的，不要随意减少或增加，否则都不会取得好的防治效果。随意加大药量还会伤害天敌生物，促进病虫害抗药性的产生，浪费药剂和污染环境。

4. 合理选择农药剂型和药械

采用正确的施药方法，要根据不同的种类和剂型采用不同的方法，不同的剂型也需要用不同的施药器械和施药方式，方能发挥良好的防治效果。比如乳剂和可湿性粉剂需要兑水喷雾使用，粉剂需要喷粉器械喷粉施用，颗粒剂需要撒施到土壤或水面施用，油剂需要超低容量喷雾器喷雾施用。

5. 化学农药的合理混用

长期使用单一农药，最终必将使害虫产生抗药性，形成抗性种群，导致防治加大用量而效果又差。合理混用农药可以提高防治效果，延缓有害生物产生抗药性或兼治不同种类的有害生物，可节省人力。科学合理地混用农药的原则包括：

（1）两种农药混用不能起化学反应，物理性状不变。

（2）两种药剂混合使用后，其药效大于两种药剂单用的效果。

（3）混合液的急性毒性一般不能高于原来的毒力，农产品残留量应低于单用药剂。高毒农药间不能搞混配。

（4）两种农药混用后，能同时兼治两种或两种以上的病虫。

6. 轮换使用农药

连续使用同一种农药防治，害虫容易对该药剂产生抗性，同时也对同类药剂产生交互抗性，防治效果显著下降。因此，在同一年份内可选择几种或几类药剂交替使用，以避免产生抗药性，保证防治效果。

第五章 赤眼蜂应用技术

赤眼蜂 *Trichogramma* spp. 是膜翅目赤眼蜂科赤眼蜂属昆虫的统称。赤眼蜂的成虫体长一般不超过 1.0 mm，复眼为红色。它是通过产卵管把蜂卵产于寄主卵内，蜂卵孵化幼虫后吸食寄主卵内的营养物质生长发育直至羽化出蜂，从而消灭害虫于卵期，可有效地阻止害虫后续世代的发生和为害。目前，利用赤眼蜂防治农作物和果蔬害虫已在世界范围内大面积推广使用，因其是“以虫治虫”，减少了化学农药的使用量，对生态环境的保护、生物多样性的维持和保障粮食与食品安全具有重要的践行意义。目前，关于赤眼蜂防治害虫的研究和应用技术也不断优化与升级，备受人们的关注。

我国在赤眼蜂的繁殖技术上已达到国际先进水平，田间人工释放技术也日趋成熟。释放赤眼蜂防治甘蔗螟虫（以下简称“放蜂治螟”）是开展甘蔗螟虫绿色防控的主要技术之一。近年来，“放蜂治螟”技术在两广（广西、广东）蔗区逐渐受到重视，赤眼蜂的室内繁殖与应用研究也取得了较大进展。到目前为止，被大量繁殖和推广应用的赤眼蜂有松毛虫赤眼蜂、广赤眼蜂、螟黄赤眼蜂、稻螟赤眼蜂和玉米螟赤眼蜂。其中，螟黄赤眼蜂在我国各蔗区均有分布，是甘蔗螟虫的优势天敌，也是目前应用于防治甘蔗螟虫的主要赤眼蜂种类（正在寄生螟卵的赤眼蜂和被寄生的螟卵见图 11 和图 12）。并且，利用米蛾卵大量人工繁殖螟黄赤眼蜂防治甘蔗螟虫的技术成熟，且防治效果显著。此外，赤眼蜂的田间释放方法也从之前的依靠人工悬挂蜂卡，慢慢发展成为利用无人机投放专用的球形放蜂器或赤眼蜂寄主卵悬浮液，节省了人工，降低了成本，并提高了放蜂效率，是今后主推的放蜂技术。

一、赤眼蜂田间释放技术

（一）放蜂时间

放蜂治螟技术最关键的是确定放蜂时间。它是影响放蜂效果的重要因素。赤眼蜂作为卵寄生蜂，只有在害虫卵期释放赤眼蜂才能发挥其效力。所以准确掌握螟虫的发生情况是应用赤眼蜂防治甘蔗螟虫的关键，依据虫情调查结果进行计划繁蜂和适期放蜂，做到蜂卵相遇，提高防治效果的目的。

甘蔗螟虫化蛹、羽化进度受温湿度条件影响较大，为更准确地选择放蜂时期，在田间调查虫口密度和发育进度的基础上，利用性诱剂进行甘蔗螟虫发生期及发生量的预测预报。根据螟虫测报结果，在田间螟蛾始见期释放第一批赤眼蜂，始盛期释放第二批蜂，高峰期释放第三批蜂。其中，第二批蜂是关键，根据螟蛾发生量情况和田间赤眼蜂增殖情况决定是否释放第三批蜂。

另外，放蜂时的气候条件对防治效果的影响很大。赤眼蜂发育的最适温度为20～29℃，相对湿度为70%～85%，否则会影响赤眼蜂的正常发育。因此，在干燥、高温地区应选择傍晚放蜂，这样有利于赤眼蜂的羽化和寄生。另外，在较大风雨天气，蜂卡易被冲刮掉，并且影响赤眼蜂寻找寄主，所以最好在无雨、无大风的天气放蜂。

（二）放蜂数量和次数

放蜂数量和次数视害虫虫口密度而定，每代螟蛾一般释放2～3次赤眼蜂。据多年来国内各地经验，在一般虫口密度下，于甘蔗螟蛾始见期释放第一批蜂，放蜂量为7.5万头～15万头/hm^2；螟蛾始盛期释放第二批蜂，放蜂量为15万头/hm^2。在虫口密度高的情况下，螟蛾始见期释放第一批蜂，放蜂量为15万头/hm^2；螟蛾始盛期释放第二批蜂，放蜂量为 30 万头/hm^2；螟蛾高峰期释放第三批蜂，放蜂量为 15 万头/hm^2。赤眼蜂飞行半径可达 30 m，20 m内效果较好。因此，为保证放蜂效果，以每公顷均匀设置75～120个放蜂点为宜，以便赤眼蜂更加有效地寻找寄主产卵寄生，并有一定的飞行重叠区，提高田间整体寄生率。

（三）放蜂方法

释放的赤眼蜂应以即将羽化出蜂的蜂卡为主，赤眼蜂蜂卡和无人机专用球形放蜂器见图 13 和图 14。方法如下：

1. 人工释放

将赤眼蜂蜂卡粘贴在甘蔗植株中部叶片背面，使蜂卡的正面（赤眼蜂附着面）朝着地面。放蜂时最好从放蜂蔗田的上风地头开始放蜂，以距上风地头的 12 行作为第一个放蜂行。以距田边 10 步作为第一个放蜂点，顺着甘蔗行走，每隔 20 步设置一个放蜂点，一直走到田边地头。以后每隔 25 行为另一个放蜂行。赤眼蜂蜂卡必须防雨、防晒、防蚂蚁。

2. 无人机投放

先将赤眼蜂卡装在专用的球形放蜂器内，利用植保无人机定速定行距将球形放蜂器均匀地投放田间。每次每公顷投放 60 个球形放蜂器（1 500 头/放蜂器）。

二、放蜂治螟的优势和不足

（一）优势

放蜂治螟作为一项重要的甘蔗螟虫治理技术，完全符合害虫可持续治理的发展方向，在生产中发挥了应有的积极作用。其优势主要表现为：

1. 能有效地控制甘蔗螟虫，具有治螟增产、不污染环境、提高品质等效果。

2. 可减少化学农药使用，降低环境压力，延缓产生害虫抗药性。

3. 能保护和增加自然界有效的天敌，维持生态平衡，发挥持续控灾作用。

4. 赤眼蜂与害虫共生存于田间，便于就地生产和应用，人工繁殖释放后对环境适应性快。

（二）不足

目前放蜂治螟技术在实际应用中也存在着瓶颈，赤眼蜂受环境、气候、人为等的因素影响较大。其不足主要表现为：

1. 赤眼蜂抗逆性相对较弱，大风雨和高温天气不利于其生存，要注意避免蜂卡遭受阳光暴晒或雨淋。

2. 释放时间要求严格，一旦与蔗螟田间发生期无法保持一致（如产卵高峰期），就难以取得良好防效。

3. 与蔗螟相比，赤眼蜂受化学农药的影响更大，尤其是广谱杀虫剂对天敌的杀灭性更大，广谱性化学杀虫剂的大量、频繁使用会极大地削弱赤眼蜂的控害潜能。

4. 防治效果比较缓慢，应付突发性虫害较为被动。

三、应用赤眼蜂的注意事项

1. 赤眼蜂蜂种质量保证

赤眼蜂蜂种的质量在保证繁蜂质量与应用效果中起着重要作用。然而，室内利用中间寄主饲养繁殖多代后，赤眼蜂将出现严重退化现象，即畸形、大腹、驼背、无翅、体形微小，不能飞行的赤眼蜂蜂群增多，会直接影响赤眼蜂在田间的生活、搜索和寄生能力。为了保证赤眼蜂蜂种质量，可通过变温锻炼、定期用目标寄主卵繁殖、补充野生蜂种等方法对赤眼蜂蜂种进行优化、复壮，获得健壮的赤眼蜂蜂种，从而保证赤眼蜂田间的应用效果。

另外，在赤眼蜂大量繁殖过程中，冷藏寄生卵是累积蜂量和调节放蜂期的主要措施。冷藏方法不当，常引起赤眼蜂的生活力下降，影响治虫的效果。因此，赤眼蜂蜂卡不宜冷藏时间过长，且应在田间释放前进行蜂种质量检测，包括寄生率、羽化率和雌蜂率。

2. 放蜂时的气象条件

降雨对赤眼蜂有很大影响，暴风和连绵雨对放蜂后田间刚羽化的蜂影响最大。因此，在每次放蜂前，一定要了解 1 周内的天气变化情况，尽量避免刚放蜂便遇上暴雨或连续几天下雨。如有大降雨，应在雨后放蜂。

3. 放蜂田的生态环境

赤眼蜂喜在作物生长茂密、荫蔽的环境活动，如放蜂时作物矮小、荫蔽差，则寄生效果较差。因此，放蜂田的作物尽可能早植、早施肥，使作物行间尽早荫蔽。也可间作绿肥等豆科作物，早期形成荫蔽生态环境，这对稳定和提高赤眼蜂放蜂效果起重要作用。

4. 农药的影响

与蔗螟相比，赤眼蜂受化学农药的影响更大，尤其是广谱杀虫剂对天敌的杀灭性更大，广谱性化学杀虫剂的大量、频繁使用会极大地削弱赤眼蜂的控害潜能。这也就是为什么有些蔗区使用了许多农药把蔗螟压下去了，但过不多久蔗螟为害情况又出现报复性反弹、为害更甚的原因。因此在放蜂前后 7d 内避免使用对赤眼蜂有毒的农药；在放蜂期间及之后的 2～3 个月内，尽量少用或不用高毒农药，既可保护赤眼蜂还可保护蔗田中害虫天敌的繁衍，为以后减少农药使用和蔗田病虫害的综合防治奠定良好的生态基础。

第六章 性诱防控应用技术

20 世纪 70 年代初期，我国开始了甘蔗螟虫性信息素的研究，80 年代已合成了黄螟、条螟、二点螟、白螟、大螟和台湾稻螟的性诱剂。应用性诱剂防治甘蔗螟虫的技术，已取得了巨大的成功，达到了世界先进水平。目前，常用的甘蔗螟虫性诱剂剂型主要有聚乙烯管、橡胶塞、微胶囊和液态类等。其中，橡胶塞剂型（天然橡胶片或者硅橡胶片）主要用于甘蔗螟虫的种群监测和诱杀。聚乙烯管状剂型，主要用于甘蔗螟虫的迷向法防治，但由于其需耗费大量劳动力进行田间插管而未被广泛应用。近年来，可喷洒的微胶囊剂型快速发展起来，微胶囊是昆虫性信息素田间应用中一种便利的剂型，该种剂型可降解、易喷洒，主要应用于迷向法防治甘蔗螟虫。随着国内外研究的不断深入及机械化的高速发展，性诱剂的应用在甘蔗螟虫的绿色防控中将发挥更大的作用。

一、性诱防治甘蔗螟虫技术

性诱技术防治甘蔗螟虫主要有诱杀法和迷向法。在甘蔗生长前期，使用诱杀法防治螟虫，效果直观，易被接受。在甘蔗生长中后期，采用迷向法，干扰螟蛾成虫的正常交配，逐步减少螟虫的繁殖数量，达到有效控制螟害的目的，是甘蔗生长中后期控制螟害的理想办法。

（一）诱杀法

诱杀法是在田间安放一定数量性诱剂诱捕装置，引诱雄蛾并将其直接杀死在诱捕器中。其原理是通过诱杀大量的雄蛾，减少田间自然种群中雄蛾的数量，使雌雄性比严重失调，降低交配概率，进而造成相当部分的雌蛾得不到交配的机会而不能繁育后代，减少下一代的虫口基数，从而达到有效防治的目的。

诱杀法的防治效果与诱捕器的设计和设置、天气状况、作物相似性、目标害虫的虫口密度及害虫生物学特性等方面有很大关系，由于雌蛾与诱芯之间有竞争作用，因此要达到理想的诱杀效果，诱芯的总引诱力势必要超过田间雌蛾的引诱力。从田间实际应用来看，诱杀法在田间虫口密度较低的情况下可获得较好的防治效果。而在虫口密度较高时，则应配合化学农药喷雾等应急防治措施，压低虫口，保证防治效果。

诱杀法主要适用于甘蔗萌芽至分蘖期，甘蔗拔节期后使用则需将诱捕器提升到离地面 100～120 cm 的高度，而不被甘蔗叶片覆盖。一般在螟虫成虫羽化始盛期的前 2～3 d 开始布置诱捕器，每公顷 15～30 个，从地块的上风口开始布置。具体方法参照第三章中的性诱法（成虫诱集法）。

（二）迷向法

迷向法是在螟虫雌雄成虫交配期，通过释放大量高浓度的人工合成性外激素物质，与自然条件下的雌蛾释放的性外激素产生竞争，扰乱甚至中断雌雄个体间的性信息联系，使雄蛾在寻找雌蛾交配过程中迷失方向，降低交配概率，进而减少后代的繁殖数量，达到有效防治的一种技术。

迷向法防治的原理包括三个方面：一是感觉适应性，即在人为的高浓度性信息素条件下，雄虫对雌虫所释放的性信息素暂无反应；二是中枢神经系统的习惯化，雄虫暴露在性信息素气味中，当它出现一系列行为反应之后，没有找到雌虫完成交配，以后再接受同样刺激时，虽然感觉器官能将刺激的信号送到中枢神经系统，但雄虫对雌虫释放的性信息素，也失去了行为反应；三是雄虫失去定向能力，人工释放的性信息素与雌虫释放的性信息素互相竞争，当人为的释放量大大超过雌虫的释放量时，雄虫就会失去定向能力，因此找不到雌虫进行交配。

应用迷向法防治，需要在成虫交配层空间存在稳定的生态小气候环境，便于性信息素气体物质滞留，对雌雄个体间的交配联系起到干扰作用，使雄虫几乎找不到雌虫进行交配，交配率显著下降。因此，该方法适合在甘蔗拔节封行以后进行，具体方法如下：

1. 防治田的要求

性诱剂是以气态物质存在，应用迷向法防治的蔗田要连片且面积大，尽量减少性诱剂溢出防治范围。由于甘蔗苗期植株矮小，行间裸露，蔗园生态小气候尚未形成，不宜应用迷向法进行防治，应在甘蔗封行后进行。

2. 防治时间

迷向法的原理是干扰雌雄成虫正常的寻偶交配，防治时要根据甘蔗螟虫成虫发生期预测预报的结果，来确定防治日期，重点在成虫盛发期防治。甘蔗螟虫成虫盛发期一般不超过 25 d，在成虫羽化始盛期前的 2～3 d 开始进行迷向防治，每个世代防治 1 次，便可控制整个盛发期成虫的交配活动。

3. 释放方法

(1) 人工插管　将中空塑料管剂型插于甘蔗心叶下数第二蔗叶中脉的中下部位置，两边露出相等长度，塑料管被叶中脉紧夹着，不易跌落。迷向防治田的性诱剂用量为 3 000～3 750 mg/hm^2，约 1 500 管/hm^2。

(2) 无人机释放　利用植保无人机，喷洒微胶囊剂型的性诱剂，均匀地粘附在甘蔗叶片上，这样整个田间就密布着无数个散发器，使性诱剂的气味控制整个作物区的空间，起到很好的迷向效果。按每 0.067 hm^2 用性诱剂微球剂型（含助剂）100 mL，兑水 900 mL 配制成溶液，用无人机喷洒。

二、性诱防控的优势和不足

（一）优势

与其他防治方法相比，性诱防治甘蔗螟虫的优势主要表现如下：

1. 性诱剂防治对靶标害虫的专一性和选择性高，每一种性诱剂配方只针对一种害虫，对其他有益昆虫不会产生误杀和副作用，可充分保护自然天敌。

2. 对人畜安全，不污染环境，不会产生害虫抗药性问题。

3. 和化学防治不冲突，并且可以减少农药使用量。

（二）不足

尽管利用性诱剂防治甘蔗螟虫具有诸多优点，但仍存在一些问题，要大面积推广应用该技术仍然存在着困难。主要表现如下：

1. 在光化学和热的作用下，性诱剂容易发生降解，田间持效期较短。

2. 迷向法防治甘蔗螟虫时，聚乙烯管状剂型因田间插管需耗费大量劳动力，而微胶囊剂型则因应用成本较高，大面积推广应用困难。

三、性诱防控的注意事项

1. 性诱剂的投放时间

性诱防控要特别注重性诱剂投放时间的准确性，应根据靶标害虫的发生时间来确定性诱剂的投放时间。总的原则是在害虫发生早期、虫口密度较低时开始投放使用，并且需要长时间地连续使用。

2. 诱捕装置的布设要求

利用性诱剂诱杀防治时，诱捕器应重点设置在目标田的外围，布设密度要高，把目标田内的虫诱出。在目标田中心部位密度可稍低，诱杀突入目标田的害虫。此外，还应尽量集中连片使用性诱剂，以更好地发挥性诱剂的防控效果。

3. 性诱芯的安装和更换

性诱剂具有高度敏感性，在安装不同种类螟虫的诱芯时，需要洗手，避免交叉污染而降低防效。另外，要适时更换诱芯，诱芯更换时间由诱芯产品性能及天气状况决定，一般用于防治的诱芯可使用 20～25 d，到期后及时更换新诱芯，旧诱芯集中处理，不可随意丢弃。

4. 性诱芯的保存

性诱剂产品易挥发，未使用的诱芯应密封、低温保存，保存温度为－15～5℃。

第七章　植保无人机应用技术

植保无人机是用来开展农林业保护行动的一种无人驾驶飞机。我国于 2007 年开始植保无人机的产业化探索，2016 年以后植保无人机进入高速发展时期，国内各生产厂家不断推出新产品，植保无人机市场日趋成熟，产品的性能、性价比等都有了较快的提升。植保无人机充分利用地理信息系统、自动控制等技术，实现了无人机自动导航进行植保作业，目前在甘蔗生产上的应用也越来越多，例如植保无人机喷洒农药、性诱剂和释放赤眼蜂等已成为绿色防控甘蔗螟虫的关键技术与手段。

一、植保无人机的应用

（一）喷洒农药

植保无人机喷洒农药具有精准、高效、环保、智能化、操作简单等特点，近年来，在甘蔗生长中后期利用植保无人机喷洒农药防控条螟和红尾白螟，得到了广泛的推广应用。甘蔗生长中后期，由于蔗株高大、蔗林茂密，利用传统人工喷雾防治，存在操作困难，且易造成人员中毒等问题；而利用植保无人机喷药防治则解决了这一难题，并具有用药量少、工作效率高等优势，是目前甘蔗中后期防控病虫害的主推技术。

利用植保无人机防控甘蔗螟虫，首先要以螟虫的发生期预测预报为指导，掌握蚁螟的孵化盛期，以确定合适的防控时期。其次是要精心组织和安排螟虫的统防统治和联防联控工作，保证同一蔗区内植保无人机作业的同期性和一致性。

此外，植保无人机的机型、飞行参数以及药剂配方组合、助剂的选择和施用技术，也是重要的影响因素。据悉，目前广泛应用的大多为多旋翼电动植保无人机，在保证安全和喷洒效果的前提下飞行速度越快，效率就越高，较优的作业参数组合为喷头流量 15 L/hm^2、作业高度 1～3 m、飞行速度 4～6 m/s。在甘蔗植保的操作中可根据各地的实际情况合理调节。

（二）释放赤眼蜂

植保无人机释放赤眼蜂，同样具有精准、高效、操作简单的特点，甚至比传统的人工释放更加均匀，也解决了甘蔗生长中后期人工难以进入田间的难题。

1. 释放赤眼蜂寄生卵悬浮液

将羽化前 0.5～1 d 的被寄生了赤眼蜂的米蛾卵配制成 1%体积浓度的寄生卵悬浮液。通过无人机将寄生卵悬浮液以 7 mL/min 的速度均匀地从飞机中洒落。

2. 释放赤眼蜂球形释放器

将赤眼蜂寄生卵卡装在专用球形放蜂器内，通过无人机按照设定好的投放密度，均匀地投放到甘蔗种植区内。

（三）喷洒性诱剂

近年来，甘蔗螟虫性诱迷向剂型应用研究方面有了新的突破，据报道，已研发出性诱剂微球缓释剂型或微胶囊剂型等植保无人机用剂型，可直接将性诱剂喷洒到甘蔗叶片上，实施螟虫性诱迷向的飞防作业。将性诱剂微球剂型或微胶囊剂型按剂量兑水稀释配制成溶液，供无人机喷洒，将大幅度提高作业效率。无人机飞行高度控制在叶面顶部上方 1～1.5 m，飞行速度为 4～5 m/s，喷幅宽度 5～6 m。采取间隔式喷洒方式，即按照无人机喷幅，喷 1 幅间隔 1 幅的喷洒方式。

二、植保无人机的优势和不足

（一）优势

1. 适用面广

植保无人机受地理地势因素的制约较小，既能满足不同作物类型，又对多种坡度地形和不规则田块的适应性强，而且不受作物种植模式的影响。植保无人机升降简单，不需要有专用跑道，水田、山地、坡地、不平整田地等都可以用植保无人机进行飞防作业。

2. 高效性

植保无人机喷洒农药的效率是一般喷洒机械的 3～4 倍，喷洒效率约为人工喷洒效率的 100 倍，可在一定程度上解决当今劳动力缺乏、劳动力成本高等问题。

3. 喷洒效果好

植保无人机属于低空微量喷洒，借助精确导航系统，经过雾化改善器，使喷洒出的农药可以均匀附着于农作物表面，能够大大减少重喷、漏喷现象。

4. 节水节药，节能环保

植保无人机为低空雾化喷洒，保证均匀喷施整个植株，能够有效提升农药利用率，大大缓解农药残留与水资源不足等方面的问题。比常规喷药能节约 50%的农药和 90%的用水量，减少了农药使用量，大幅度减少农药对环境的影响。

5. 安全系数高

由于植保无人机为远程遥控操作，相关操作无人机的工作人员可以经过无线远程系统向无人机发送指令，不需要接触农药，极大地提升了操作安全系数。

6. 对农作物损害较小

植保无人机不似大型地面喷洒农药机械碾压农作物导致其受损，不会损坏土壤物理结构，对于农作物健康生长也毫无影响。

（二）不足

1. 受制于天气

高温、下雨、大风天气不能正常飞行，一定程度上影响到防治进度。

2. 载重小、续航能力不足

目前大多数电动植保无人机的载重一般为 5～25 kg，一组电池维持的飞行时间只有 8～20 min，需要频繁地起降、更换电池及加入药剂。所以每次喷洒作业至少需要备 20 块电池，才能保证每天工作 6 h。

3. 无人机作业更易造成农药飘移危害

植保无人机由于飞行高度、飞行速度都远高于人工喷洒，所以在作业时农药雾滴更易于随风飘移，而对目标田之外的农作物造成危害。例如在蔗、桑混栽区飞防甘蔗螟虫时，如处理不当，农药易飘移至桑叶上，可能引起养蚕药害。因此，植保无人机用药过程中应避让其他农作物。

4. 农药制剂要求更高

目前很多植保无人机在作业中使用的农药，并不完全是航空专用制剂。很大程度上，只是将普通农药少加水稀释，甚至不加水，以通过提高药液浓度与飞机相匹配，这样虽然保证了单位面积的施药总量不变，但是由于浓度过高极易对敏感作物或作物的敏感部位产生药害。因此今后要向更专业化的航空药剂发展，使之与植保无人机作业相匹配。

三、植保无人机的安全注意事项

1. 应用植保无人机防治甘蔗螟虫，应有专业化的操作及技术服务团队，操作员要经过专业化的技能培训，熟练掌握操作技巧，避免飞防事故。

2. 应避免在大风、大雨、闪电等恶劣天气作业，避免水汽从机身缝隙浸入内部或信号失灵，导致无人机失控。

3. 在作业高度内最好实行净空作业，若条件不具备则要有效避开房舍、树林、高压线、电线杆等障碍物。

4. 密切观察无人机喷雾状态，发现故障及时排除，保证飞防作业的工作效率和防控效果。

第八章 甘蔗螟虫绿色防控技术体系构建与防效评价

甘蔗螟虫绿色防控必须基于预测预报技术，准确掌握其发生动态和演变规律，按照“预防为主，综合防治”的植保方针，做到有组织、有计划地早防早控和联防联控，达到压低虫口基数、提高防治效果的目的。生产上，应以农业防治为基础，以生物防治（包括赤眼蜂和性诱剂技术）为核心，以科学合理的化学防治为保障，根据甘蔗不同时期的生长特点和生育期要求，采取相应的防控措施。通过构建甘蔗螟虫的绿色防控技术体系和防治效果科学评价体系，将其为害损失控制在经济允许水平之下，为甘蔗稳产、增产和农民增收提供技术支撑和有力保障。

一、甘蔗螟虫绿色防控技术体系

在我国倡导农作物病虫害绿色防控的大形势下，甘蔗螟虫绿色防控技术的研发与应用也取得了一定进展。一是加强了抗虫甘蔗品种的筛选和选育工作，并开展了利用基因工程技术进行转抗虫基因育种的研究。二是提升了甘蔗田间栽培和管理技术，如选用健康无虫种苗、滴灌和间套种西瓜、马铃薯及绿肥等技术，即从源头规避螟虫的为害风险，优化田间药、肥、水的施用技术，并通过间套种丰富蔗田物种多样性，保护自然天敌，多重措施管控虫害的发生。三是积极开展性诱杀防控技术的示范和推广。目前二点螟、条螟、黄螟、红尾白螟和大螟的性引诱剂均能人工合成，且具有较强的引诱能力。近几年，广西农业科学院甘蔗研究所积极推进利用性诱剂防控甘蔗螟虫的工作，分别在广西、云南和广东等蔗区进行了大面积的应用示范，取得了较好的应用效果，获得业内同行的肯定和认可。四是释放赤眼蜂防治甘蔗螟虫技术不断优化升级，如防雨水和蚂蚁的蜂卡、无人机放蜂等技术，在广西蔗区大面积推广应用。五是植保无人机喷药技术，在甘蔗生长中后期对螟虫的防控效果也是可圈可点。此外，高效低毒、环境友好型农药的研发也不断加强，并逐步有相应产品上市并推广使用。这些产品和技术的实施，为甘蔗螟虫绿色防控技术体系的构建奠定了良好的基础。

本章内容总结了前人的研究经验和成果，集成了在甘蔗种植期、苗期、生长中后期和收获期 4 个不同时期的甘蔗螟虫防控技术模式，构建了以性诱剂、赤眼蜂等生物防治为核心，其他防治方法为辅助的甘蔗螟虫绿色防控技术体系。

（一）甘蔗种植期防控技术模式

1. 选用抗虫品种

在产量和糖分保障的前提下，应优先选用抗螟虫的甘蔗品种。

2. 选择健康种苗

选择健康无虫种茎或健康组培苗作种。播种前用 2%～3%的石灰水浸种 1～2 d。

3. 健康栽培技术

一是加强田间管理，包括施足底肥、浸种处理、地膜覆盖，促进甘蔗早生快发，以培育壮苗、增强自身抗虫力。二是推广深耕深松技术。新植蔗地种植前深松平整，深度大于 40 cm；宿根蔗地行间深松，深度约 30 cm，并施足基肥。

4. 农业防治和生态调控相结合

一是推广作物合理轮作、间作和套种技术，建立蔗田生态控害系统，增加田间天敌数量，减少化学农药使用。有条件的蔗地可实行水旱轮作，旱坡蔗地可实行与非禾本科作物轮作；可与绿豆、大豆、马铃薯等作物或绿肥、蔬菜等套种。二是种植蜜源植物。蔗田田边地头种植花期较长的显花植物，如油菜花、酢浆草、芝麻等，招引甘蔗螟虫的天敌，并为天敌提供花蜜。

5. 化学防治

甘蔗种植期的化学防治，主要是下种时施用高效、低毒、长效的化学农药或缓释药肥。如10%杀虫单·噻虫嗪颗粒剂、1% Bt·噻虫胺颗粒，或用30%氯虫苯甲酰胺·噻虫嗪乳剂等，可按量拌肥一起沿沟撒施或兑水淋施。

（二）甘蔗苗期防控技术模式

1. 性诱剂防治

3月中旬至4月上旬，针对越冬代螟蛾，根据性诱剂测报结果，在成虫羽化始盛日前2～3 d开始布设性诱剂诱杀笼，将雄蛾直接杀死，每公顷设15～30个螟虫诱捕器诱杀成虫。

5月底6月初，针对第1代螟蛾，在成虫羽化始盛日前2～3 d，实施性诱剂诱杀或迷向防控。

2. 释放赤眼蜂

可在越冬代和第1代螟蛾始见期、始盛期和高峰期分别释放螟黄赤眼蜂进行协同防控。

3. 化学防治

甘蔗苗期螟害严重时，针对第1、2代螟虫，进行施药保苗。施药时根据性诱剂测报结果，要抓住蚁螟孵化盛期至3龄前进行施药防治。施药方法如下：

（1）撒施　于蚁螟孵化盛期的前7～10 d，在甘蔗苗基部开浅沟撒施10%杀虫单·噻虫嗪颗粒剂和1% Bt·噻虫胺颗粒剂于沟中然后盖土，在大培土时再撒施一次可防茎节螟害。

（2）喷雾　在蚁螟孵化盛期，选用生物农药或高效低毒低风险农药进行叶面喷雾防治。如20%阿维菌素·杀螟松乳油、72%杀单·苏云可湿性粉剂、30%氯虫·噻虫嗪悬浮剂、0.05%阿维菌素·100亿活芽孢/g苏云金杆菌（Bt）可湿性粉剂或200 g/L虫酰肼悬浮剂等。10～15 d 喷 1 次，连续喷药 2 次。在阴天和晴天下午 4 点以后施用。

（三）甘蔗生长中后期防控技术模式

甘蔗生长中后期，蔗株已长高封行，人工防治困难，此时植保无人机的作业优势尽显，可利用植保无人机进行放蜂、喷洒性诱剂和高效低毒低风险的农药。

1. 性诱迷向防治

在 7～9 月，根据虫情测报，在成虫羽化始盛日前 2～3 d，实施性诱剂迷向防控甘蔗螟虫。

2. 释放赤眼蜂

在田间螟虫卵寄生率低时，可以在螟蛾始见期和始盛期分别释放 1 次螟黄赤眼蜂对螟虫进行协同防控。

3. 化学防治

主要针对甘蔗条螟和红尾白螟。在蚁螟孵化高峰期采用无人机喷洒 20% 阿维菌素·杀螟松乳油 4 500 g/hm^2 或 46%杀单·苏云可湿性粉剂 1 500 mL/hm^2 等高效低毒低风险的农药进行防治。

（四）甘蔗收获期防控技术模式

甘蔗收获期主要是采用农业措施减少越冬虫源，降低翌年虫源基数。

1. 低斩收蔗

甘蔗螟虫多在蔗茎基部为害或越冬，收获时采用小锄低砍，斩入土 5～10 cm，可将害虫连株带走，减少田间虫源。

2. 清洁田园

收获后及时将留在蔗地的残茎、枯苗和枯叶粉碎还田或搬出蔗地沤肥，破坏甘蔗螟虫的化蛹和越冬场所。对不留宿根的蔗田，及时深耕细耙，将蔗蔸犁起粉碎或烧毁。

3. 推广机收作业

适宜机收的蔗地和甘蔗品种，推广机收作业。机收后将蔗稍蔗叶粉碎还田或打捆回收，降低翌年虫源基数。

二、防控效果评价

在评价甘蔗螟虫绿色防控效果时，除了以经济效益评价外，其对生态效益和社会效益的贡献更为重要。然而，由于生态效益和社会效益的评价涉及面广、程序烦琐、短期内难以完成等原因。目前，生产上常用防治效果和甘蔗产量等指标作为防效评价指标。本文主要以螟卵的寄生率、枯心苗率、螟害节率和甘蔗产量为指标进行绿色防控技术集成应用效果的评估。

（一）螟卵寄生率调查

1. 调查时间

在每代螟虫发生期，最后 1 次释放赤眼蜂的 7～10 d 后，调查螟卵寄生率。

2. 样点选取

在放蜂区和对照区分别随机选取 3 个地块样点。放蜂区和对照区的调查甘蔗品种保持一致。

3. 调查方法

采用五点取样法进行调查，每个地块样点调查 5 行甘蔗，每行连续调查 100 株，仔细检查每株甘蔗叶片的正面、背面和叶鞘是否有螟卵。发现卵块，则采回室内进行饲养观察。将被寄生的螟卵进行单块卵单个试管分装的方式，直至羽化出蜂，鉴定寄生蜂的种类，并分类统计采集的总卵数和寄生卵数。结果记入表 2，计算螟卵的卵寄生率。公式如下：

卵寄生率（%）＝被寄生卵数/总卵数×100

需注意的是，甘蔗螟虫卵寄生蜂主要有螟黄赤眼蜂、玉米螟赤眼蜂和黑卵蜂。其中，螟黄赤眼蜂是二点螟、条螟和黄螟的优势卵寄生蜂，防治上一般选择释放螟黄赤眼蜂防治甘蔗螟虫。玉米螟赤眼蜂也寄生二点螟、条螟和黄螟卵，黑卵蜂则只寄生甘蔗条螟卵。因此在统计蔗螟卵寄生率时，应注意区分不同寄生蜂的寄生。

表 2　螟卵寄生率记录

调查地点：　　　　甘蔗品种：　　　　防治区/对照区

调查时间	螟卵类型	总卵数（块）	寄生卵数（块）	卵寄生率（%）
平均卵寄生率（%）				

注：黄螟以卵粒统计寄生率。其他螟虫以卵块统计寄生率，半数以上寄生的卵块统计为寄生卵块，不足半数则统计为未寄生卵块。

（二）枯心苗率调查

1. 调查时间

于甘蔗拔节前进行枯心苗率调查。在第 1 代螟虫和第 2 代螟虫为害后期各调查一次（5 月上中旬和 6 月中下旬）。

2. 样点选取

在绿色防控区和对照区分别随机选取 3 个地块样点。绿色防控区和对照区的调查甘蔗品种和栽培措施应一致。

3. 调查方法

采取五点取样法，每点连续调查 100 株，每个地块样点共调查 500 株甘蔗。调查枯心苗数，将甘蔗总苗数和枯心苗数记入表 3，计算枯心苗率和防治效果。公式如下：

$$枯心苗率（\%）= 枯心苗数/总苗数 \times 100$$

防治效果（%）=（对照区枯心苗率－防控区枯心苗率）/对照区枯心苗率×100

表 3　蔗螟枯心苗率记录

调查地点：　　　　甘蔗品种：　　　　防治区/对照区

调查时间	调查地块样点	总苗数	枯心数	枯心率（%）
平均枯心苗率（%）				

（三）螟害节率调查

1. 调查时间

于甘蔗采收前进行螟害节率调查。

2. 样点选取

在绿色防控区和对照区分别选取 3 个地块样点。绿色防控区和对照区的调查甘蔗品种和栽培措施应一致。

3. 调查方法

采取五点取样法，每点连续调查 50 株，每个地块样点共调查 250 株，调查每株甘蔗总节数和螟害节数，并将结果记录表 4 中。计算平均螟害节率、螟害株率和防治效果。公式如下：

螟害节率（%）= 螟害节数/总节数×100

螟害株率（%）= 螟害株数/总株数×100

防治效果（%）=（对照区螟害节率－防控区螟害节率）/对照区螟害节率×100

表 4　螟害节率记录

调查地点：　　　　甘蔗品种：　　　　防治区/对照区

调查时间	蔗茎编号	每株节数	螟害节数						总螟害节率（%）
			黄螟	条螟	二点螟	红尾白螟	大螟	合计	
螟害节率（%）									

（四）测产调查

1. 理论测产

（1）测产时间　于甘蔗采收前进行理论测产。

（2）样点选取　在绿色防控区和对照区分别选取 3 个地块样点进行理论测产。绿色防控区和对照区的调查甘蔗品种和栽培措施应一致。

（3）取样方法和产量测算　在每个地块样点的对角线随机取 3 个测产调查点，在每个调查点连续调查 5 行，每行调查 10 m。调查株高、茎径、行距、有效茎数等指标，数据记入表 5，并进行理论产量测算。公式如下：

①有效茎计算。调查行内株高超过 1 m 的有效茎数，计算出每米的平均有效茎数；再随机测量 5 行的行距，求出平均行距（m），计算有效茎数。

亩*有效茎（条）＝每米平均有效茎数×666.7/行距

②茎重计算。在调查有效茎的同时，每点选择 3 行，每行连续

* 亩为非法定计量单位，1 亩＝1/15hm^2。——编者注

调查20株甘蔗的株高，并用游标卡尺逐一量取对应蔗株茎中部节间茎径，然后分别求出蔗株的平均株高和茎径（cm）。每个地块样点调查60株，计算单茎重（kg）。

单茎重（kg）=0.785 4×茎径^2×（株高-30）×茎比重/1 000

③产量测算。

亩产量（kg）=单茎重×亩有效茎数

增产（%）=（防控区产量-对照区产量）/对照区产量×100

表5 甘蔗螟虫绿色防控理论测产记录

调查地点： 甘蔗品种： 防治区/对照区

调查日期	调查地块样点	蔗茎编号	株高（cm）	茎径（cm）	单径重（kg）	5行行距（m）	10 m行长有效茎数	亩有效茎数
平均								
理论亩产（kg）								

2. 实收测产

（1）测产时间 于甘蔗采收时进行实收测产。

（2）样点选取 在绿色防控区和对照区分别选取3个地块样点进行实收测产。绿色防控区和对照区的调查甘蔗品种和栽培措施应一致。

（3）取样方法和测产 在每个地块样点的对角线随机取3个调查点，每个调查点砍收3个相邻行长10 m内的甘蔗进行称重（kg），测量行距并计算砍收面积（m^2），亩产量（kg）和增产率。公式如下：

砍收面积（m^2）＝砍收行长×平均行距×3

亩产量（kg）＝甘蔗重量/砍收面积×666.7

增产（%）＝（防控区产量－对照区产量）/对照区产量×100

参考文献

安玉兴，管楚雄，2009. 甘蔗病虫及防治图谱［M］. 广州：暨南大学出版社.

程方晓，管楚雄，林明江，等，2021. 性诱剂水盆式诱杀及迷向飞防对甘蔗螟虫的防控效果［J］. 甘蔗糖业，50（3）：32-36.

陈文耀，1991. 广西甘蔗栽培［M］. 南宁：广西科学技术出版社.

戈峰，2020. 论害虫生态调控策略与技术［J］. 应用昆虫学报，57（1）：10-19.

龚恒亮，孙东磊，陈立君，等，2017. 低空无人航施性诱剂微胶囊试验研究初报［J］. 甘蔗糖业（1）：14-18.

黄诚华，王伯辉，2014. 甘蔗病虫防治图志［M］. 南宁：广西科学技术出版社.

黄诚华，魏吉利，商显坤，等，2015. 百色市右江区甘蔗红尾白螟的发生为害与防治建议［J］. 南方农业学报，46（1）：67-71.

黄应昆，李文凤. 1995. 云南甘蔗害虫及其天敌资源［J］. 甘蔗糖业（5）：15-17.

黄应昆，张荣跃，尹炯，等，2019. 低纬高原甘蔗螟虫综合防控技术集成与应用［J］. 中国糖料，41（1）：58-61.

胡玉伟，管楚雄，安玉兴，等，2015. 国内外昆虫性信息素剂型及其在不同作物上的研究概况［J］. 甘蔗糖业（5）：68-73.

李敦松，袁曦，张宝鑫，等，2013. 利用无人机释放赤眼蜂研究［J］. 中国生物防治学报，29（3）：455-458.

梁庆，1960. 甘蔗害虫及其防治［M］. 北京：农业出版社.

李奇伟，2000. 现代甘蔗改良技术［M］. 广州：华南理工大学出版社.

李文凤，尹炯，黄应昆，等，2014. 云南蔗区甘蔗螟虫种群结构动态与防控对策［J］. 农学学报，4（8）：35-38.

李文凤，尹炯，罗志明，等，2018. 甘蔗螟虫绿色防控技术研究［J］. 云南农业大学学报（自然科学版），33（1）：168－171.
李杨瑞，2010. 现代甘蔗学［M］. 北京：中国农业出版社.
刘志诚，1983. 甘蔗病虫害及其防治［M］. 北京：农业出版社.
刘志诚，刘建峰，张帆，等，2000. 赤眼蜂繁殖及田间应用技术［M］. 北京：金盾出版社.
蒲蛰龙，刘志诚，等，1956. 甘蔗螟虫卵赤眼蜂繁殖利用的研究［J］. 昆虫学报，6（1）：1－36.
轻工业部甘蔗糖业科学研究所，广东省农业科学院，1985. 中国甘蔗栽培：病虫害部分［M］. 北京：中国农业出版社.
全国农业技术推广服务中心，2004. 高产高糖甘蔗种植技术手册［M］. 北京：中国农业科学技术出版社.
宋修鹏，宋奇琦，张小秋，等，2019. 植保无人机的发展历程及应用现状［J］. 广西糖业（3）：48－52.
王艳路，2016. 南宁蔗区的二点螟发生动态及二点螟的繁殖行为研究［D］. 南宁：广西大学：18－20.
王助引，周至宏，贤小勇，等，1995. 广西甘蔗病虫草鼠害及其天敌调查［J］. 广西农业科学（2）：75－78.
魏吉利，黄诚华，潘雪红，等，2016. 广西蔗区红尾白螟分布区域及危害程度调查［J］. 南方农业学报，4：594－598.
许汉亮，林明江，李继虎，等，2016. 甘蔗螟虫绿色防控技术集成与应用［J］. 环境昆虫学报，38（3）：589－594.
许汉亮，林 明江，管楚雄，等，2012. 性信息素与赤眼蜂对甘蔗条螟的协同控制［J］. 广东农业科学，39（9）：72－74，79.
张孝羲，1997. 昆虫生态及预测预报［M］. 北京：中国农业出版社.
张亦诚，易代勇，雷朝云，等，2008. 甘蔗螟虫的形态特征、习性及防治技术［J］. 贵州农业科学，36（1）：94－96.
曾万秋，梁广焜，1985. 甘蔗病虫害防治［M］. 广州：广东科技出版社.
曾万秋，邝乐生，1975. 甘蔗白螟生物学特性的初步研究［J］. 甘蔗糖业（9）：14－19.
周至宏，王助引，陈可才，等，1999. 甘蔗病虫鼠草防治彩色图志［M］. 南宁：广西科学技术出版社.

图书在版编目（CIP）数据

甘蔗螟虫发生与绿色防控 / 潘雪红，黄诚华主编.—北京：中国农业出版社，2022.3

ISBN 978-7-109-29242-0

Ⅰ.①甘…　Ⅱ.①潘…　②黄…　Ⅲ.①蔗螟—病虫害防治—无污染技术　Ⅳ.①S435.661

中国版本图书馆CIP数据核字（2022）第049714号

中国农业出版社出版

地址：北京市朝阳区麦子店街18号楼

邮编：100125

责任编辑：魏兆猛

版式设计：王　晨　　责任校对：吴丽婷

印刷：北京印刷一厂

版次：2022年3月第1版

印次：2022年3月北京第1次印刷

发行：新华书店北京发行所

开本：880mm×1230mm　1/32

印张：2.25　　插页：4

字数：60千字

定价：25.00元

图1　二点螟各虫态及幼虫为害状

成　虫　　　　卵

幼　虫　　　　蛹

为害状

图2　条螟各虫态及幼虫为害状

图3 黄螟各虫态及幼虫为害状

为害状

图4　红尾白螟各虫态及幼虫为害状

图5 大螟各虫态及幼虫为害状

图6　性诱剂诱芯

图7　性诱剂水盆式诱捕法

图8　性诱剂笼罩式诱捕法

图9　高地隙自走式喷杆喷雾机的应用

图10　植保无人机的应用

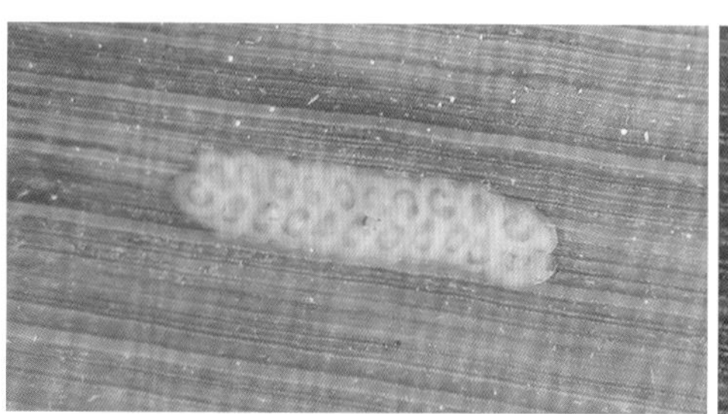

图11　正在寄生螟卵的赤眼蜂

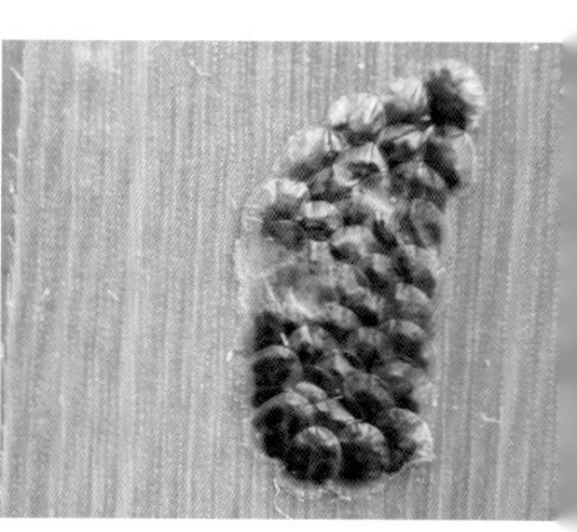

图12　被赤眼蜂寄生的螟卵

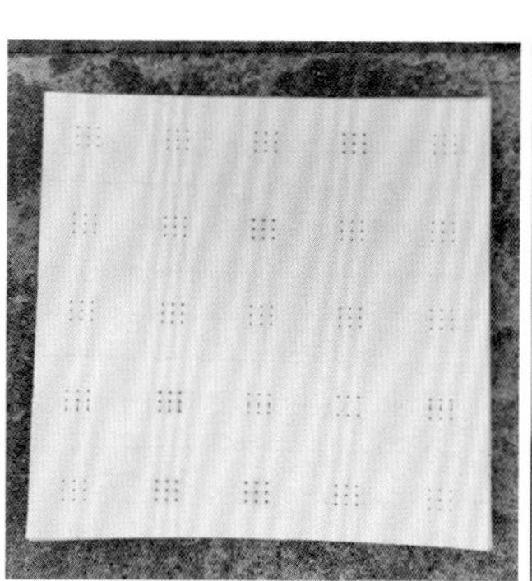

图13　赤眼蜂蜂卡

图14　赤眼蜂球形放蜂器